SAMMLUNG GÖSCHEN BAND 847

DAS TIERREICH

VII/3
LURCHE

von

DR. KONRAD HERTER
o. Professor der Zoologie
an der Freien Universität Berlin

Mit 129 Abbildungen

WALTER DE GRUYTER & CO.
vormals G. J. Göschen'sche Verlagshandlung · J. Guttentag,
Verlagsbuchhandlung · Georg Reimer · Karl J. Trübner · Veit & Comp.
Berlin 1955

Archiv-Nr. 11 08 47

Satz und Druck von Buchdruckerei Oswald Schmidt KG, Leipzig III/18/65

Printed in Germany

722/50/50

DAS TIERREICH
IN DER SAMMLUNG GÖSCHEN

ist wie folgt gegliedert:

Bd. I. Einzeller.
Bd. II. Schwämme und Hohltiere.
Bd. III. Plattwürmer, Hohlwürmer, Kamptozoen, Schnurwürmer, Ringelwürmer, Protracheaten, Bärtierchen und Zungenwürmer.
Bd. IV. 1. Gliederfüßler: Krebse.
Bd. IV. 2. Gliederfüßler: Trilobitomorphen, Fühlerlose und Tracheenatmer: Tausendfüßler.
Bd. IV. 3. Gliederfüßler: Insekten.
Bd. V. Weichtiere.
Bd. VI. Stachelhäuter, Tentakulaten, Binnenatmer und Pfeilwürmer.
Bd. VII. 1. Chordatiere: Manteltiere, Schädellose, Rundmäuler.
Bd. VII. 2. Chordatiere: Fische.
Bd. VII. 3. Chordatiere: Lurche.
Bd. VII. 4. Chordatiere: Kriechtiere.
Bd. VII. 5. Chordatiere: Vögel.
Bd. VII. 6. Chordatiere: Säugetiere.

STÄMME DES TIERREICHES

1. Urtiere *(Protozoa)*
2. Schwämme *(Spongia)*
3. Hohltiere *(Coelenterata)*
4. Plattwürmer *(Plathelminthes)*
5. Hohlwürmer *(Aschelminthes)*
6. Schnurwürmer *(Nemertini)*
7. Kamptozoen *(Kamptozoa, Entoprocta)*
8. Ringelwürmer *(Annelida)*
9. Protracheaten *(Protracheata, Onychophora)*
10. Bärtierchen *(Tardigrada)*
11. Zungenwürmer *(Linguatulida)*
12. Gliederfüßler *(Arthropoda)*
13. Weichtiere *(Mollusca)*
14. Stachelhäuter *(Echinodermata)*
15. Tentakulaten *(Tentaculata):* Armfüßler *(Brachyopoda) und* Moostierchen *(Bryozoa)*
16. Binnenatmer *(Enteropneusta)*
17. Pleilwürmer *(Chaetognatha)*
18. Chordatiere *(Chordata)*

INHALT
von Bd. VII/3

18. Stamm: Chordatiere *(Chordata)*,
1. Manteltiere *(Tunicata)*,
2. Schädellose *(Acrania)*,
3. Rundmäuler *(Cyclostomata)*,
4[1]), Wirbeltiere *(Vertebrata)*,
Klasse Fische *(Pisces)*, } Amnionlose *(Anamnia)*,
Klasse Lurche *(Amphibia)*,
Klasse Kriechtiere *(Reptilia)*, } Amniontiere *(Amniota)*.
Klasse Vögel *(Aves)*,
Klasse Säuger *(Mammalia)*.

LURCHE *(Amphibia, Batrachia)*

Die Amphibien sind wechselwarme Anamnier mit in der Regel nackter Haut und meist 4 Beinen, 3teiligem Herzen, Lungen-, Kiemen- und Hautatmung und 2 Gelenkhökkern am Hinterhaupt. Die Entwicklung ist fast stets eine Metamorphose.

In der Körpergestalt lassen sich 3 Typen unterscheiden: Die wurmförmigen extremitätenlosen Blindwühlen (Abb. 83, 97, 101), die langgestreckten langschwänzigen Urodelen (und Stegocephalen) mit 4 Beinen, von denen das hintere Paar fehlen kann (Abb. 2a, 42c, 44a, 60, 74, 75, 84, 100, 102–112), und die gedrungenen, im erwachsenen Zustand schwanzlosen Anuren mit 4 Beinen, deren hinteres Paar meist stärker als das vordere und zum Springen geeignet ist (Abb. 2c, 3, 21–24, 26b, 37, 40, 42a, b, 59, 80–82, 85–88, 91, 98, 114–120, 122, 125).

Die Lurche nehmen eine Sonderstellung unter den Wirbeltieren ein, da sie uns den Übergang vom Wasser- zum Landleben deutlich vor Augen führen. Dies zeigt vor allem ihre Entwicklung, die meist mit im Wasser lebenden Larven beginnt, sowie ihre Lebensweise im Wasser oder

[1]) 1–4 Unterstämme.

in feuchten Landbiotopen. Auch anatomische und physiologische Einrichtungen weisen in dieser Richtung; vor allem die Atemmechanismen (Kiemen sowie Kiemen und Lungen bei Wasserformen, Lungen bei Landformen und Hautatmung bei beiden) und die mit ihnen zusammenhängenden Besonderheiten des Kreislaufsystems. Die Zwischenstellung zwischen Wasser- und Landwirbeltieren hat es bedingt, daß man früher die Lurche mit den fast rein terrestrischen Kriechtieren zu einer Klasse vereinigte oder sie mit den im Wasser lebenden Fischen zusammen als Ichthyopsiden den Sauropsiden (Reptilien und Vögeln) gegenüberstellte. Obgleich offensichtlich stammesgeschichtliche Beziehungen zwischen den Reptilien und den von der Carbon- bis in die Triaszeit lebenden Stegocephalen (Panzerlurchen) bestehen, die man heute im allgemeinen als eine Amphibienordnung (Archamphibien) ansieht (die viele Ähnlichkeit mit den Urodelen hatte), sind die Lurche scharf von den Reptilien zu trennen, namentlich, da sie Anamnier sind, die eine Metamorphose mit im Wasser lebenden Larven haben. Gerade durch diese Merkmale nähern sich die Amphibien den Fischen, unter denen es heute noch Formen gibt, die auch in gewissen anderen Eigenschaften den Lurchen nahestehen. Die Crossopterygier (Quastenflosser) zeigen weitgehende Übereinstimmung in der Kopfpanzerung und der Anordnung der Seitenorgane mit den Stegocephalen, und die Dipnoer (Molchfische) atmen mit ihren lungenartigen Schwimmblasen atmosphärische Luft, haben ein 3teiliges Herz und Larven mit äußeren Kiemen. Andererseits sind die Amphibien jedoch von den Fischen scharf dadurch geschieden, daß die Extremitäten als Beine mit Zehen ausgebildet und die bei den Wasserformen vorkommenden Flossensäume skelettlos sind. Die für die Fische so typischen Schuppen fehlen meist oder liegen in der Haut verborgen. Die Lurche bilden eine gut umgrenzte selbständige Wirbeltierklasse.

Die z. Z. bekannten etwa 2800 Amphibienarten leben entweder im Wasser – und zwar stets im Süßwasser – oder in feuchten Biotopen, da ihre drüsenreiche, stark Wasser verdunstende Haut ihnen längeren Aufenthalt in trokkener Luft verbietet. Die Mehrzahl der terrestrisch lebenden Formen macht eine Entwicklung im Wasser durch. Da die Lurche gegen Hitze, Kälte und Salzgehalt des Bodens und des Wassers relativ empfindlich sind, werden ihrer geographischen Verbreitung gewisse Schranken gesetzt. Die nur 55 Arten umfassenden Blindwühlen sind auf die amerikanischen, afrikanischen und asiatischen Tropen beschränkt. Die eigentliche Heimat der Urodelen ist die Holarktis[1]) (etwa 150 Arten). Nur eine Art erreicht den Polarkreis und einige wenige Arten leben in Südamerika südlich des Äquators, in Nordafrika und in den Gebirgen des tropischen Asiens. Am weitesten verbreitet sind die etwa 2600 Arten der Anuren, die fast alle feuchten Gebiete der Erde, namentlich in den Tropen, bevölkern.

Für den Menschen haben die Lurche keine direkte größere wirtschaftliche Bedeutung. Zwar werden manche Formen gegessen, z.B. in Japan die Riesensalamander und in Europa „Froschschenkel", jedoch stellen sie nirgends einen wesentlichen Ernährungsfaktor dar, vor allem wohl, weil die meisten Amphibien relativ klein sind. Der größte rezente Schwanzlurch, der Riesensalamander *(Megalobatrachus maximus)*, wird allerdings bis über 1 m lang und einige Froscharten erreichen Körperlängen von 25—30 cm (z.B. *Rana goliath* aus Kamerun). Die überwiegende Mehrzahl der Lurche ist aber bedeutend kleiner. Das Hautdrüsengift mancher Frösche (vor allem von *Dendrobates*arten in Südamerika) wird von Naturvölkern zur Vergiftung von Pfeilen und zum Gelb- oder Rotfärben der Federn grüner Papageien benutzt („Färberfrösche"). In der Volksmedizin wurden und werden Lurche (besonders Kröten) zu „Heilzwecken" verwendet. Bedeutend größer ist der Gewinn, den viele Amphibien durch die Vertilgung von tierischen Schädlingen des Menschen bringen und dadurch, daß sie Nutztieren zur Nahrung dienen. Die Larven vieler Lurche sind eine wichtige Fischnahrung. Eine besonders große Bedeutung haben jedoch die Amphibien als Objekte der wissenschaftlichen Forschung. Unsere wichtigsten und grundlegenden Kenntnisse auf

[1]) = nearktische (ganz Nordamerika) + palaearktische (Europa, Asien bis zum Himalaya und Nordafrika) Region.

dem Gebiet der Nerven- und Muskelphysiologie, der Herzphysiologie, der Hormonforschung und der Entwicklungsphysiologie verdanken wir Untersuchungen an Lurchen, die auch in der praktischen Anwendung dieser Wissenschaften zum Wohle der Menschheit eine ausschlaggebende Rolle spielen (z.B. Schwangerschaftsteste mit Froschlurchen).

A. ALLGEMEINER TEIL

1. DIE KÖRPERDECKE UND IHRE SONDERBILDUNGEN

Die Körperdecke der erwachsenen Amphibien besteht aus der Unterhaut (Corium) und der mehrschichtigen verhornten Oberhaut (Epidermis), die im ganzen (Urodelen) oder in Fetzen (Anuren) periodisch abgeworfen wird. Für die Lurche charakteristisch ist der außerordentliche Reichtum an mehrzelligen Drüsen im Corium (Abb. 1). Es gibt 2 Hauptdrüsenarten: die kleinen Schleimdrüsen und die größeren Gift- oder Körnerdrüsen. Beide sind nach dem alveolären Typ gebaut und nach Lurchart und Körperregion verschieden verteilt. Auf 1 mm² stehen auf dem Rücken der Erdkröte 4–11. des Laubfrosches 123–132

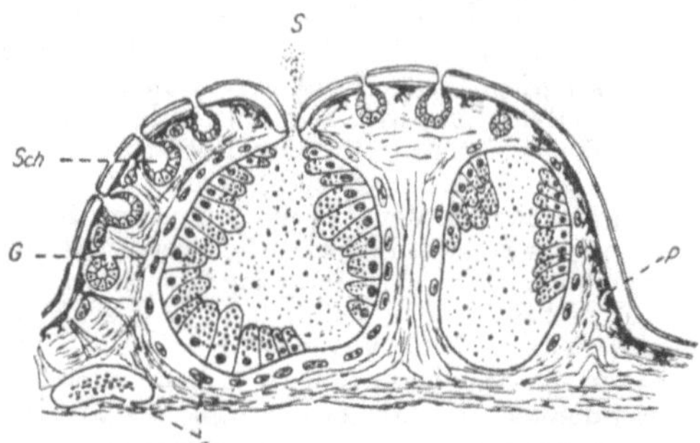

Abb. 1. Schnitt durch eine Ohrdrüse von *Salamandra salamandra*. — *B* Blutgefäße, *G* Giftdrüse, *P* Pigmentzelle, *S* Sekret, *Sch* Schleimdrüse. (Nach Bütschli.)

und des Grasfrosches, dessen ganze Haut etwa 300000 Schleimdrüsen enthält, 31–45. Die Schleimdrüsen, die auf dem ganzen Körper in verschiedener Dichte liegen, sondern ein homogenes bis feinkörniges neutrales oder alkalisches Sekret ab, das hauptsächlich aus einem oft klebrigen Schleim besteht und etwas Gift enthält. Es hält die Haut feucht, schützt sie dadurch vor Austrocknung und ermöglicht die Hautatmung (s. S. 61) mittels der reichlich in der Körperdecke liegenden Blutkapillaren (s. S. 72). Da es geringe Mengen von Exkreten enthält, dient es auch der Ausscheidung (s. S. 78). Bei Landformen verdunstet die Flüssigkeit und kühlt dadurch den Körper ab. Bei Wasserlurchen begrenzt der Schleim das osmotische Eindringen von Wasser, womit zusammenhängt, daß vorzugsweise im Wasser lebende Anuren (z. B. *Bombina*, *Rana esculenta)* relativ viele, terrestrische (z. B. *Alytes*, *Bufo)* wenige Schleimdrüsen haben. *Hyla arborea*, ein Baumbewohner, hat zwar besonders viele Drüsen, bei denen jedoch der Sekretaustritt durch spezifische Verschlußmechanismen reguliert werden kann.

Die Giftdrüsen sind an bestimmten Körperstellen angehäuft, z. B. bei *Salamandra* in großen Paketen in der Ohr-

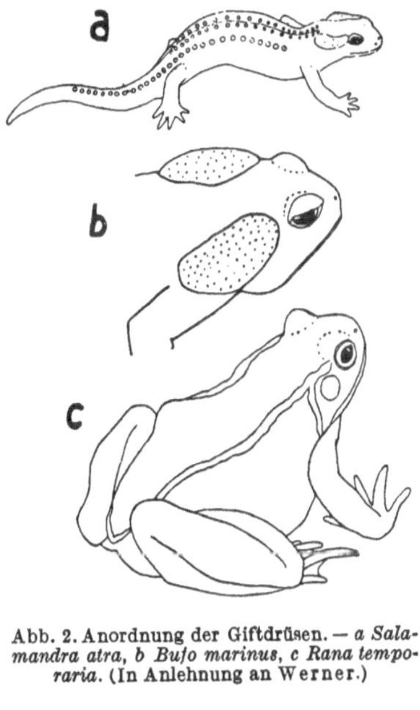

Abb. 2. Anordnung der Giftdrüsen. — *a Salamandra atra*, *b Bufo marinus*, *c Rana temporaria*. (In Anlehnung an Werner.)

region (Parotoiden) und in Längsreihen auf dem Rücken, bei *Bufo* ebenfalls in Parotoiden und in zahlreichen „Warzen" der Rückenhaut und bei *Rana* in Längsleisten der Dorsalseite (Abb. 2). Das Sekret ist milchig, trübe und körnig, reagiert sauer und hat oft einen spezifischen Geruch. Es enthält artlich verschiedene Giftstoffe: Bei *Bufo bufo* das Bufotalin ($C_{26}H_{36}O_6$), bei *B. marinus* das Bufoagin ($C_{18}H_{24}O_4$), bei *Salamandra salamandra* das stickstoffhaltige Samandarin ($C_{26}H_{40}N_2O$) und Samandaridin ($C_{30}H_{31}NO$) und bei *S. atra* das Samandatrin ($C_{21}H_{37}N_2O_3$). Das *Bufo*gift wirkt hauptsächlich auf das Herz (ähnlich wie Digitalin) und beeinflußt die Atmung, die Darmfunktionen, einige Rückenmarkszentren und die Endplatten der quergestreiften Muskeln. Bei subkutaner Injektion ist die tödliche Dosis von Bufotalin für Säuger etwa ½ mmg je kg Körpergewicht. Auf Schleimhäute wirkt es stark lokal reizend. Mit *Dendrobates*sekret vergiftete Pfeile töten Jaguare und Hirsche in wenigen Minuten. Ausstoßung des Giftsekrets erfolgt nur bei starker Reizung zur Abwehr von Feinden und ist künstlich durch mechanische, elektrische, chemische oder thermische Reize zu erzielen. Das Gift wird nicht „ausgespritzt", sondern durch reflektorische Kontraktion der Drüsenmuskeln in Tröpfchen, die zu Schichten zusammenlaufen können, ausgedrückt. Die menschliche Körperhaut wird durch das Gift nicht angegriffen, jedoch können (meist harmlose) Entzündungen auftreten, wenn es auf Schleimhäute (z. B. der Augen) gelangt. Die abergläubische Furcht mancher Menschen vor der „Giftigkeit" der Lurche ist völlig unbegründet.

Epidermale Horngebilde sind die Grabschaufeln mancher Anuren (z. B. *Pelobates)*, die Brunftschwielen der Anurenmännchen (s. S. 85), Höcker oder Stacheln an verschiedenen Körperstellen (z. B. bei *Ceratophrys)*, die Krallen an den Zehen von *Xenopus*, *Hymenochirus* und dem Krallensalamander *Onychodactylus japonicus*, sowie die Lippenzähne, Mundpapillen und Hornkiefer der Anurenlarven (s. S. 57).

In der Lederhaut der Gymnophionen liegen Schuppen (wenige Millimeter groß), die aus von Kalkplättchen überlagerten fibrösen[1]) Platten bestehen. Man deutet sie als die Reste eines primitiven Hautskeletts. Bei einigen Anuren kommen Hautverknöcherungen vor, die z.T. Ähnlichkeit mit der Panzerung der Stegocephalen haben. So verwächst bei manchen Formen (z.B. *Ceratophyrs, Pelobates)* die Haut mit den rauhen Schädelknochen zu einer stegocephalenähnlichen Kopfkapsel. Zwischen den Schultern und oberhalb des Bekkens liegen manchmal Knochenplatten (z.B. *Ceratophrys)*, die mit den Dornfortsätzen von Rückenwirbeln verwachsen können *(Brachycephalus)*. Bei den meisten Anuren ist die Haut nur an gewissen linienförmigen Stellen mit dem Körper verbunden (Abb. 3) und dazwischen von großen Lymphsäcken (s. S. 73) unterlagert, die die Tiere gewissermaßen mit dicken Wasserkissen umgeben, die wohl dem Schutz gegen Austrocknung dienen. Die Haut der Larven ist sehr zart und in den jungen Stadien mit Flimmerepithel ausgestattet.

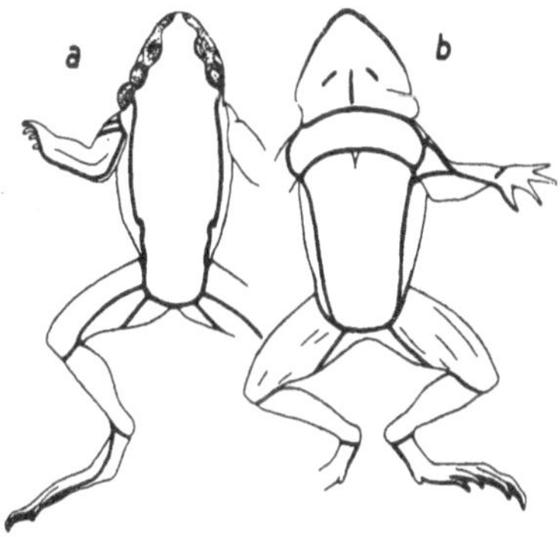

Abb. 3. Anordnung der Hautlymphsäcke bei *Rana esculenta*. — (Nach Gaupp.)

In der Unterhaut (manchmal auch in der Epidermis) liegen Farbzellen (Chromatophoren), die die Körperfarbe und -zeichnung und den Farbwechsel bedingen. Meist haben sie verzweigte Ausläufer. Sie enthalten Pigmente in Form von Körnchen, die sich, je nach dem nervös oder hormonal gesteuerten Erregungszustand,

[1]) aus Fasern aufgebaut.

durch Plasmaströmung in die Fortsätze ausbreiten oder in der Zellmitte zusammenballen können. Im 1. Falle verleihen sie der betreffenden Hautstelle ihre Farbe, im 2. nimmt diese die Farbe des darunterliegenden Gewebes an. Bei *Hyla arborea*, deren Farbwechsel besonders deutlich ist, liegen zuoberst Lipophoren mit gelben oder roten Pigmenten (Lipochromen), darunter Guanophoren mit lichtreflektierenden Guaninplättchen und zuunterst Melanophoren mit dunklem Farbstoff (Melanin). Die hellgrüne Farbe des Laubfrosches kommt dadurch zustande, daß die langwelligen Strahlen durch das Melanin absorbiert werden und die kurzwelligen von den Guaninplättchen als blaues Interferenzlicht reflektiert werden. Sie ergeben zusammen mit dem von den gelben Lipophoren zurückgeworfenen Strahlen Hellgrün (Abb. 4a). Tritt das Melanin in die Ausläufer zwischen den Guanophoren, so wird der Frosch durch die beigemischte Melaninfärbung dunkelgrün (b). Bedeckt das Melanin die Guanophoren z. T. auch auf den Oberseiten, so er-

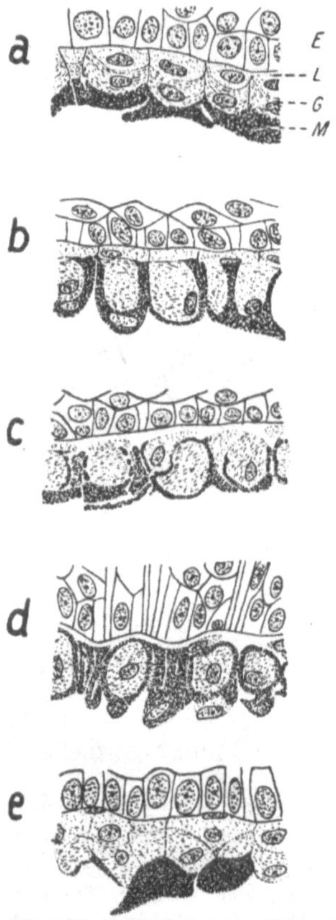

Abb. 4. Hautschnitte bei verschiedener Färbung von *Hyla arborea*. — *E* Epidermis, *G* Guanophore, *L* Lipophore, *M* Melanophore. (Nach W. I. Schmidt.)

scheint er grüngrau (c), und hüllt es sie ganz ein, schwarzgrau (d). Bei kränklichen Fröschen kann das Melanin sich stark zusammenballen, und die Guano- und Lipophoren verschieben sich gegeneinander. Es wird jetzt ein Teil der durch das Guanin hindurchgelassenen langwelligen Strahlen zurückgeworfen, und das Tier wird gelb (e). Farbwechsel kann durch sehr verschiedene Reize ausgelöst werden. Wechselkröten werden bei psychischer Erregung, Wärme und Trockenheit hell, bei Kälte und Feuchtigkeit dunkel. Laubfrösche sind auf glatten Unterlagen (z.B. frischen Blättern) meist grün, auf rauhen (z.B. Baumrinde) dunkel gefärbt, wodurch sie in der Natur gegen Feinde, die ihre Beute optisch finden (Vögel), relativ geschützt sein können. Bedeutenden Einfluß hat das Licht. So werden Urodelen- und Anurenlarven im Dunkeln meist hell, während Blendung Verdunklung bedingt. Das Licht kann direkt auf die Chromatophoren oder über die Augen, das Nervensystem und Hormondrüsen wirken (s. S. 77). Man kann einen physiologischen, durch Pigmentwanderung in den Chromatophoren hervorgerufenen, schnellen Farbwechsel und einen morphologischen, durch Vermehrung oder Verminderung der Farbzellen und der Pigmentkörner langsam erfolgenden, unterscheiden. Beide bedürfen noch sehr der Aufklärung.

2. DAS SKELETTSYSTEM, DIE MUSKULATUR UND DIE BEWEGUNGEN

Das Skelett der extremitätenlosen Blindwühlen besteht aus dem Schädel und der bis zu 300 Wirbel enthaltenden Wirbelsäule. Bei Urodelen und Anuren gliedert sich diese in eine Hals-, Rumpf-, Kreuzbein- und Schwanzregion, die bei den erwachsenen Anuren zu einem langen Knochenstab (Os coccygis) verschmolzen ist (Abb. 5 und 6). Der Hals besteht nur aus einem rippenlosen Wirbel mit 2 Gelenkflächen für die beiden Condylen des Hinterhauptes. Die Anzahl der Rumpfwirbel bei den Urodelen ist meist 15–20, bei *Proteus* 31 und bei *Siren* 63. Erwachsene Anuren haben nur 7 Rumpfwirbel. Kurze (obere) Rippen, die sich niemals mit dem Sternum verbinden, sitzen bei Gymnophionen und Urodelen an allen Rumpfwirbeln, bei Urodelen auch an den vorderen Schwanzwirbeln. Bei Anuren fehlen sie, da ihre Reste mit den Querfortsätzen verschmelzen. Nur bei Discoglossiden tragen die ersten 3 Rumpfwirbel kurze freie Rippen. Die Kreuzbeinregion besteht im allgemeinen nur

Abb. 5. Skelett von *Salamandra salamandra*. (Nach Hatschek-Cori.)

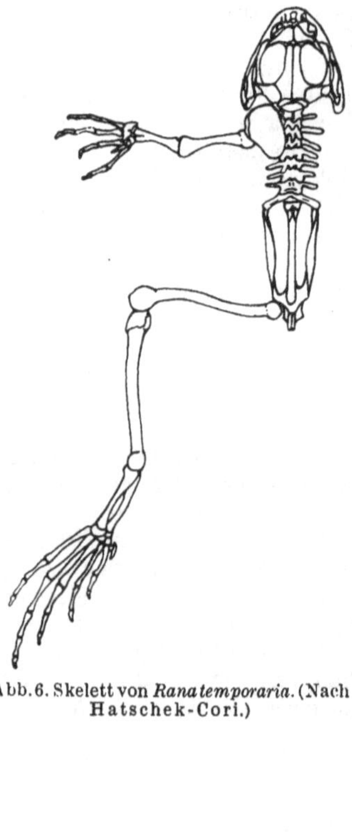

Abb. 6. Skelett von *Rana temporaria*. (Nach Hatschek-Cori.)

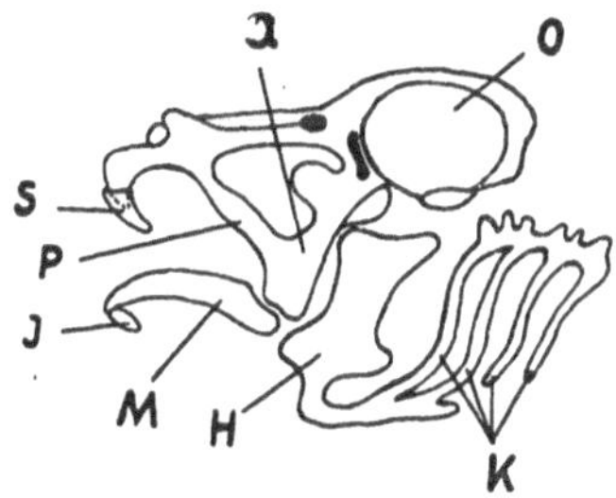

Abb. 7. Knorpliges Kopfskelett der Larve von *Rana temporaria*. — *H* Hyoid, *I* Infrarostrale, *K* Kiemenbögen, *M* Mandibel, *O* Ohrkapsel, *P* Pterygoidfortsatz, *Q* Palato-Quadratum, *S* Suprarostrale. (Nach Bütschli.)

aus einem Sakralwirbel zur Befestigung des Beckens. Die Anzahl der Schwanzwirbel schwankt bei Urodelen zwischen etwa 25 und 36. *Amphiuma* hat im ganzen etwa 100 Wirbel. Bei Gymnophionen und einigen Urodelen (z.B. *Meantes* und Proteiden) bleibt die Chorda erhalten, und die Wirbel sind amphicöl (bikonkav). Sonst wird sie mehr oder weniger durch Knorpel verdrängt, der einen Gelenkkopf bildet, wodurch opisthocöle[1]) oder procöle[2]) Wirbel entstehen.

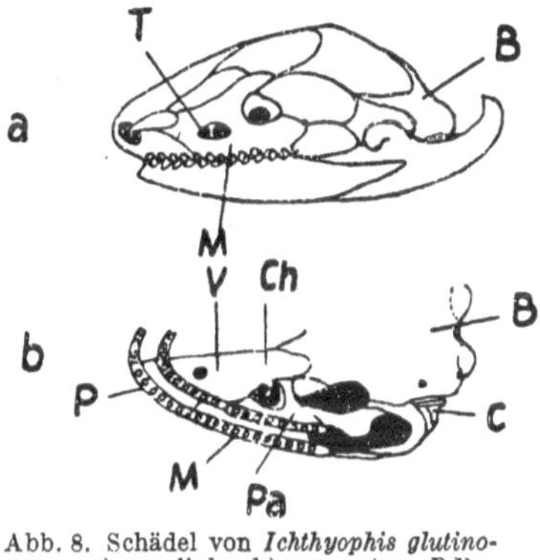

Abb. 8. Schädel von *Ichthyophis glutinosus*. — a) von links, b) von unten. *B* Basalknochen, *C* Columella, *Ch* Choane, *M* Maxillare, *P* Praemaxillare, *Pa* Palatinum, *T* Tentakelgrube, *V* Vomer. (Nach Bütschli.)

Der bei den Larven ganz knorpelige Schädel (Abb. 7) wird bei den Erwachsenen mehr oder weniger stark durch Verknöcherungen des Knorpels (Ersatzknochen) und Anlagerungen von Hautverknöcherungen (Belegknochen) ersetzt. Der knorpelige Primordialschädel[3]) bleibt jedoch bei Urodelen und Anuren noch weitgehend erhalten. Am stärksten

[1]) Wirbelkörper hinten konkav. [2]) Wirbelkörper vorne ausgehöhlt.
[3]) Vorstufe der knöchernen Schädelkapsel.

verknöchert ist der Schädel der Gymnophionen (Abb. 8), der in Zusammenhang mit der grabenden Lebensweise sehr fest, schmal und hoch ist. Die Knochen

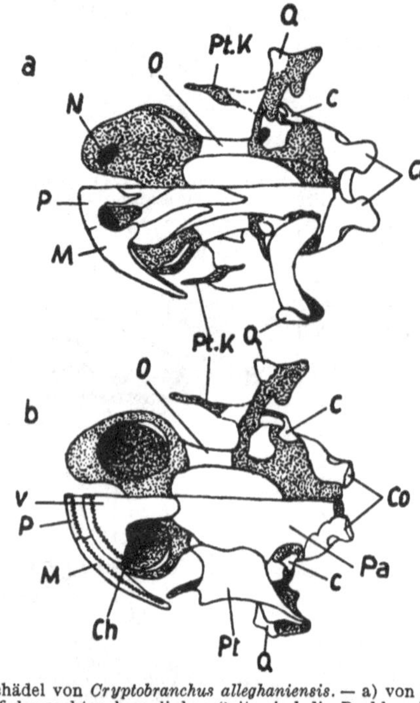

Abb. 9. Schädel von *Cryptobranchus alleghaniensis*. — a) von oben, b) von unten. Auf der rechten bzw. linken Seite sind die Deckknochen entfernt. Knorpel: punktiert. *C* Columella, *Ch* Choane, *Co* Condylen, *M* Maxillare, *N* Nasenloch, *O* Orbitosphenoid, *P* Praemaxillare, *Pa* Parasphenoid, *Pt* Pterygoid, *Pt-K* Pterygopalatinum-Knorpel, *Q* Quadratum, *V* Vomer. (Nach Bütschli.)

sind z.T. verschmolzen. So bildet ein einheitlicher Basalknochen die ganze Hinterregion. Im Maxillare liegt eine Grube für den Tentakel (s. S. 33/34), und auf dem Praemaxillare und Maxillare, sowie auf dem Palatinum steht je eine Zahnreihe. Bei Urodelen und Anuren ist der Schädel

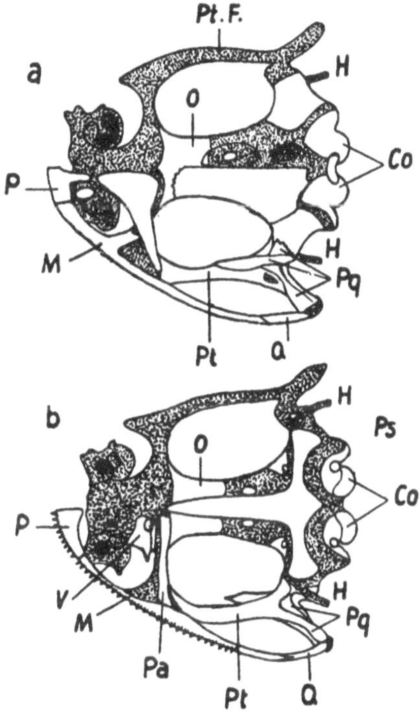

Abb. 10. Schädel von *Rana temporaria*. — a) von oben, b) von unten. Auf der rechten bzw. linken Seite sind die Deckknochen mit Ausnahme des Parasphenoids entfernt. *Co* Condylen, *H* Hyoid, *M* Maxillare, *O* Orbitosphenoid, *P* Praemaxillare, *Pa* Palatinum, *Pq* Paraquadratum, *Ps* Parasphenoid, *Pt* Pterygoid, *Pt-F* Pterygoid-Fortsatz, *Q* Quadratomaxillare, *V* Vomer. (Nach Bütschli.)

breit und flach (Abb. 9 und 10), und die Gelenkverbindung zur Wirbelsäule wird durch die Condylen der paarigen Occipitalia lateralia vermittelt. Bei Urodelen liegt in der knorpligen Seitenwand der Schädelhöhle das paarige Orbitosphenoid, das bei Anuren einen ringförmigen Knochen, das Gürtelbein (Ethmoid), bildet. Bei Anuren wird durch Verbindung des Pterygoids mit dem Palatinum ein innerer Kieferbogen gebildet, der bei Urodelenlarven durch ein einheitliches Pterygopalatinum vertreten ist. Bei erwachsenen Schwanzlurchen fehlt er fast immer und wird nur durch einen knorpligen Fortsatz angedeutet. Der äußere Kieferbogen besteht bei Anuren aus Praemaxillare und Maxillare, das durch das Quadratomaxillare (Quadratojugale) mit dem Quadratum verbunden ist. Bei Urodelen fehlt diese Verbindung. Das frei endende Maxillare ist verkürzt oder fällt ganz weg *(Meantes, Proteidae)*. Zähne können auf dem Praemaxillare, Maxillare, Vomer, Palatinum und Parasphenoid stehen oder im Oberkiefer ganz fehlen (z.B. *Bufo, Genyophryne)*. Manche Formen haben im Unterkiefer keine Zähne (z.B. *Hylinae, Raninae)* oder sind ganz zahnlos (z.B. *Pipidae, Bufonidae)*.

Die 4–5 Kiemenbögen der Larven (Abb. 7) bleiben bei den zeitlebens durch Kiemen atmenden Urodelen *(Meantes, Proteidae)* bestehen. Bei den übrigen wird der 1. Kiemenbogen zum Zungenbein (Abb. 11), das aus einer knorpligen Platte besteht, von der bei den Anuren 2 schlanke Fortsätze (Hyoidbögen) zu den Ohrkapseln ziehen. Die hinteren verknöcherten Fortsätze, die den Kehlkopf stützen, sind Neubildungen und nicht aus Kiemenbögen entstanden. Bei den Salamandriden bleiben noch die Reste von 2 Kiemenbögen erhalten. Das Kehlkopfskelett (Abb. 12) ist phylogenetisch auf einen Kiemenbogen zurückzuführen und besteht bei Urodelen nur aus einfachen paarigen Knorpelstükken. Bei stimmbegabten Anuren kann es sich aus einem Knorpelring (Cartilago cricotrachealis) zusammensetzen, der die beiden gewölbten Gießbeckenknorpel (Cartilagines arytaenoideae)

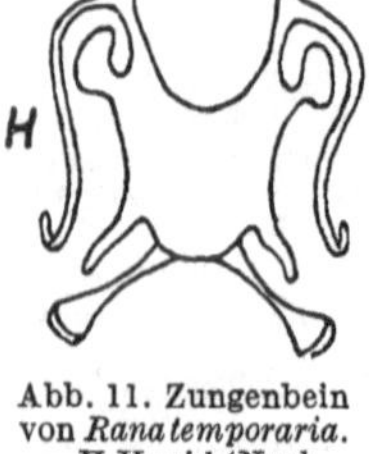

Abb. 11. Zungenbein von *Rana temporaria*. — *H* Hyoid (Nach Bütschli.)

trägt, die zwischen sich die Stimmritze frei lassen. Auf ihren oberen gezackten Kanten sitzen die kleinen beweglichen Spitzenknorpel (Cartilagines apicales).

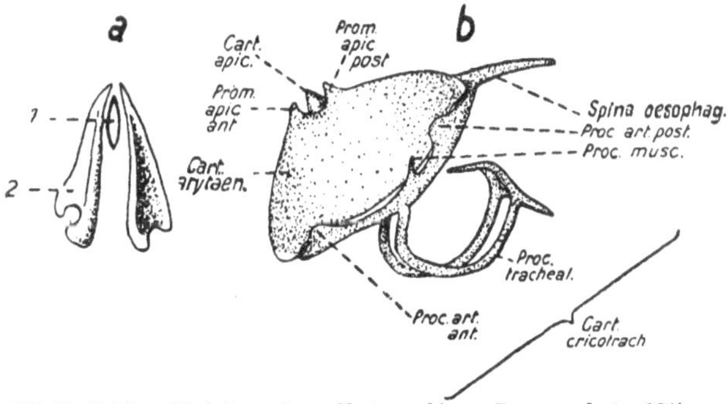

Abb. 12. Kehlkopfskelett. — a) von *Necturus*, b) von *Rana esculenta*. *1* Stimmritze, *2* Knorpel. (Aus Herter nach Wiedersheim und Gaupp.)

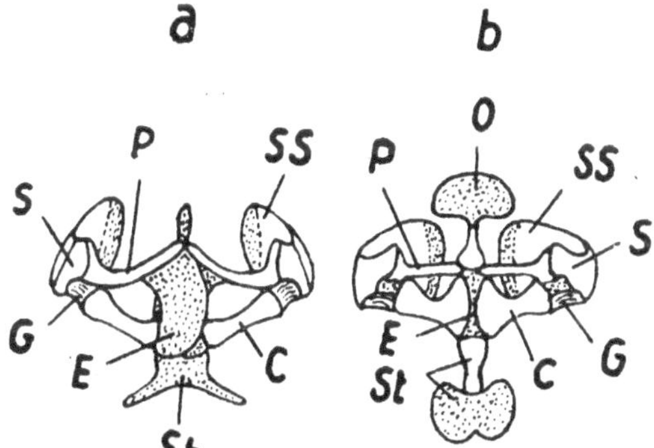

Abb. 13. Schultergürtel. — a) von *Discoglossus*, b) von *Rana*. Knorpel: punktiert. *C* Coracoid, *E* Epicoracoid, *G* Gelenkpfanne, *O* Omosternum, *P* Procoracoid, *S* Scapula, *SS* Suprascapula, *St* Sternum. (Nach Versluys.)

Der Schultergürtel setzt sich aus 3 paarigen, bei Urodelen wenig, bei Anuren stärker verknöcherten ventralen Knorpelstücken zusammen (Abb. 13). Bei Urodelen sind es verwachsene Knorpelplatten: das Schulterblatt (Scapula), dessen breiter äußerer Teil (Suprascapula) dorsal liegt, das Coracoid und das Procoracoid. Die Coracoide greifen in der Medianen übereinander und fügen sich mit ihren Hinterrändern in eine Furche des kleinen knorpligen Brustbeins (Sternum). Bei Anuren sind die Coracoide und Procoracoide stabförmig. Die Procoracoide (die auch fehlen können) bleiben oft knorplig und

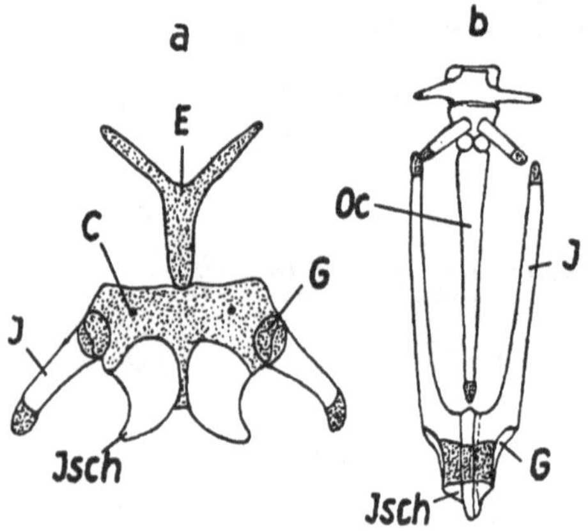

Abb. 14. Beckengürtel. — a) von *Salamandra salamandra*, b) von *Rana esculenta*. Knorpel: punktiert. *C* Canalis obturatum, *E* Epipubis, *G* Gelenkpfanne, *I* Ilium, *Isch* Ischium, *Oc* Os coccygis. (Nach Wiedersheim.)

werden von Deckknochen — Claviculae — bedeckt oder umwachsen. Die medianen Enden der Procoracoide und Coracoide sind durch die Epicoracoidknorpel verbunden, die entweder — bei den „Schiebebrustfröschen" („Arcifera") — übereinandergreifen, oder — bei den „Starrbrustfröschen" („Firmisternia") — mit dem Sternum fest verwachsen sind. Das oft z.T. verknöcherte Brustbein hat meist nach vorn eine Verlängerung, das Omosternum. Die Gelenkpfanne für den Oberarm liegt an der Verwachsungsstelle von Scapula und Coracoid.

Der Beckengürtel (Abb. 14) ist nur an einem Wirbel (Sakralwirbel) befestigt. Bei Urodelen besteht er aus einer ventralen Knorpelplatte mit paarigen hinteren verknöcherten Fortsätzen, dem Sitzbein (Ischium) und dem Darmbein (Ilium), die mit dem Sakralwirbel verbunden sind. Schambeine fehlen. Vorn an der Beckenplatte sitzt häufig das Epipubis, ein meist Y-förmiger Knorpel. Bei Anuren ist das Becken seitlich zusammengedrückt und hat einen medianen scharfen Kiel. Die Darmbeine sind stabförmig und sehr lang und mit den nach vorn weisenden Enden an den Querfortsätzen des Sakralwirbels befestigt. Ihre Hinterenden sind mit den Sitzbeinen und den knorpligen Schambeinen zu einer vertikalen Platte verschmolzen, an der seitlich die Gelenkpfannen für die Oberschenkel liegen.

Die freien Extremitäten der Urodelen haben primitivere Charaktere als die der Anuren, was sich besonders in der weniger starken Verwachsung der Hand- und Fußwurzelknochen (vgl. Abb. 5 und 6) und darin äußert, daß Ulna und Radius, die bei Anuren zu dem Os antebrachii verwachsen sind, noch selbständige Knochen sind. Bei den Anuren sind die – oft als Springorgane gebauten – Hinterbeine meist viel länger als die Vorderbeine. Die meisten Amphibien haben 4 Finger und 5 Zehen; jedoch können die Zahlen reduziert sein (z.B. bei *Proteus* und *Amphiuma*).

Die Muskulatur zeigt bei den Amphibien ziemlich primitive Verhältnisse, namentlich bei den Urodelen, bei denen die Muskeln des Körperstammes noch eine deutliche Segmentierung in Myomeren erkennen lassen (Abb. 15). Auch sind bei langen Muskeln, die aus mehreren Myomeren entstanden sind, die Myosepten z.T. noch als Ligamenta intermuscularia oder Inscriptiones tendineae erhalten (Abb. 16). Die Bauchmuskulatur besteht bei den Schwanzlurchen hauptsächlich aus 3–4 Schichten großer gerader und schräger Muskeln (M. rectus, obliquus externus und internus). Die Muskeln der Gliedmaßen sind vorn und hinten ähnlich angeordnet. Die Kopfmuskulatur wird bei der Metamorphose in Zusammenhang mit der

Rückbildung des Kiemenbogenskelettes verändert. Die Stammuskulatur der Anuren ist nach demselben Grundplan gebaut, jedoch ist die Anzahl der Myomeren durch die Verkürzung des Körpers sehr vermindert. Die Muskulatur der Gliedmaßen ist gemäß deren mannigfaltigeren Gebrauches reicher und vielseitiger. Besonders die hinteren Extremitäten, die ja meist als Sprungbeine aus-

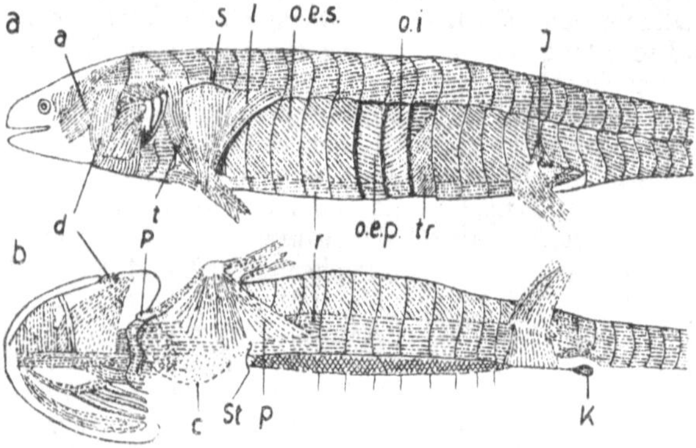

Abb. 15. Oberflächliche Muskeln einer *Ambystoma*-Larve. — a) von links, b) von unten. *a* M. adductor mandibulae, *C* Coracoid, *d* M. depressor mandibulae, *I* Ilium, *K* Kloakenöffnung, *l* M. latissimus dorsi, *o. e. p.* M. obliquus externus profundus, *o.e.s.* M. obliquus externus superficialis, *o.i.* M. obliquus internus, *P* Procoracoid, *p* M. pectoralis, *r* M. rectus superficialis, *S* Scapula, *St* Sternum, *t* M. trapacius, *tr* M. transversalis. (Nach Bütschli.)

gebildet sind, und die Beckenregion weisen typische Muskeln auf, unter denen der M. gastrocnemius, der Wadenmuskel, hervorzuheben ist, weil er das Hauptobjekt für die experimentelle Muskelforschung darstellt. Bei den extremitätenlosen Gymnophionen sind die Gliedmaßenmuskeln bis auf geringe Reste geschwunden.

Die Bewegungen der Lurche sind sehr mannigfaltig. Die meisten Embryonen und sehr jungen Larven der Urodelen und Anuren sind z. T. mit Flimmerepithel bekleidet, durch dessen Wimperschlag sie sich in den Eihüllen oder nach dem Schlüpfen auf festen Unterlagen gleitend fortbewegen. An den ventralen Kopfseiten haben sie Haftorgane — bei den Anuren Spinnwarzen und bei den

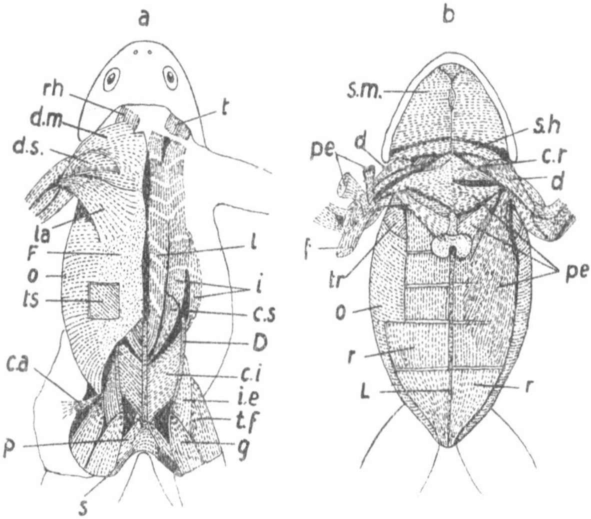

Abb. 16. Muskeln von *Rana*. — a) von oben, b) von unten. *c.a.* M. cutaneus abdominis, *c.i.* M. coccygeo-iliacus, *c.r.* M. coraco-radialis, *c.s.* M. coccygeus-sacralis, *D* Darmbeinflügel, *d* M. deltoideus, *d.m.* M. depressor mandibulae, *d.s.* M. dorsalis scapulae, *F* Fascia dorsalis, *f* M. flexor carpi radialis, *g* M. glutaeus magnus, *i* M. iliolumbaris, *i.e.* M. iliacus externus, *L* Linea alba, *l* M. longissimus dorsi, *la* M. latissimus dorsi, *o* M. obliquus externus, *p* M. pyriformis, *pe* M. pectoralis, *r* M. rectus, *rh* M. rhomboideus anterior, *s* M. semimembranosus, *s.h.* M. subhyoideus, *s.m.* M. submaxillaris, *t* M. temporalis, *tf* M. tensor fasciae latae, *ts* M. transversalis, *tr* M. transversus. (Nach Hempelmann.)

Urodelen keulenförmige Stäbchen (Balancer), die klebrige Sekrete abscheiden, mit denen sie sich an feste Substrate anhaken oder ankleben (Abb. 17). Ältere Larven bewegen sich durch Schläge ihrer durch breite Flossensäume vergrößerten Ruderschwänze oft sehr schnell und geschickt schwimmend vorwärts, die Anurenlarven meist durch wellenförmige Bewegungen, wobei sie oft Pflanzen u. dgl. mit ihren Hornkiefern (s. S. 57) „ab-

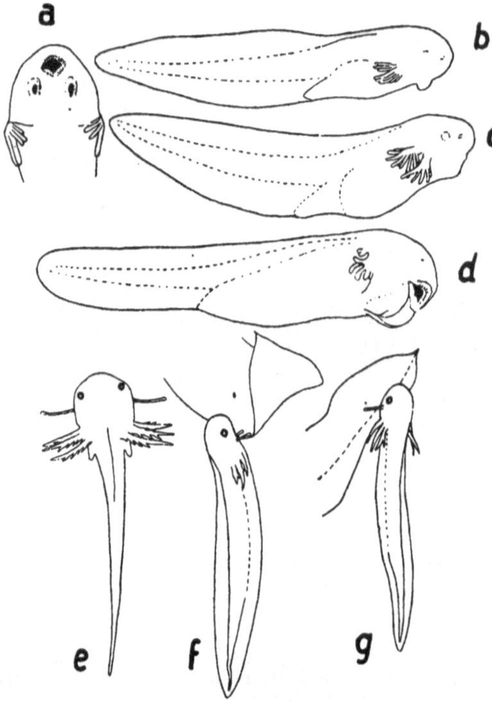

Abb. 17. Junge Amphibienlarven mit Hafteinrichtungen. — a, b) *Rana arvalis*, c) *Rana temporaria*, d) *Bufo bufo*, e—g) *Pleurodeles waltl*. (Nach Lieberkind.)

weiden“ (Abb. 18). Die Larven von *Xenopus*, die leichter als Wasser sind, halten sich durch Schwanzundulationen in schräger Körperlage mit senkrecht gerichteten Schwänzen in schwebender Stellung (Abb. 19). Schweben im

Wasser kommt bei vielen Larven und einigen erwachsenen Lurchen auch durch Angleichung des spezifischen Gewich-

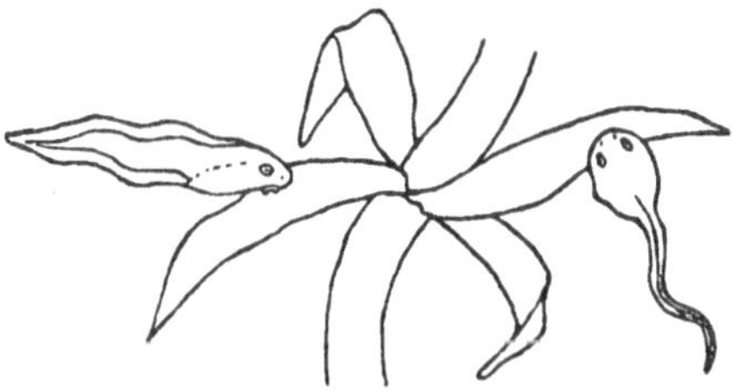

Abb. 18. Ältere *Rana*-Larven. (Nach Herter.)

tes an die Wasserdichte durch Ausstoßung oder Aufnahme von Luft in die Lungen vor. Die meist mit Flossensäumen ausgestatteten Wasser-Urodelen schwimmen durch seitliche Schwanzschläge und schlängelnde Bewegungen des ganzen Leibes, wobei die schwimmhautlosen Extremitäten in der Regel nach hinten an den Körper gelegt werden. Die im allgemeinen schlecht schwimmenden Gymnophionen bewegen sich im Wasser durch Schlängelung vorwärts. Fast alle Anuren haben an den Hinterfüßen Schwimmhäute, die bei Wasserformen meist viel ausgedehnter sind als bei Landtieren (Abb. 20). Durch schnelles gleichzeitiges Strecken beider Hinterbeine unter Ausspannung der Schwimmhäute schießen die guten Schwimmer unter ihnen mit kraftvollen Stößen dahin, wobei die Vorderbeine dem Körper anliegen (Abb. 21). Schlechte Schwimmer (z. B. *Bufo calamita)* und ermüdete Froschlurche paddeln mit allen 4 Beinen abwechselnd wenig ausdauernd durch das Wasser. Auf dem Lande kriechen die Blindwühlen durch schlangenartige Wirbelsäulenkrümmungen, wobei die segmentale

Abb. 19. Larve von *Xenopus laevis*. (Nach Herter.)

Hautringelung ein Abgleiten nach hinten verhindert. Die Urodelen schreiten durch abwechselndes Vorstrecken und Niedersetzen der gleichseitigen Beine, meist ohne mit dem Bauch am Boden zu schleifen, im allgemeinen ziemlich langsam; jedoch erreichen einige schlanke langschwänzige Landsalamander (z. B. *Autodax, Chioglossa, Hydromantes)*

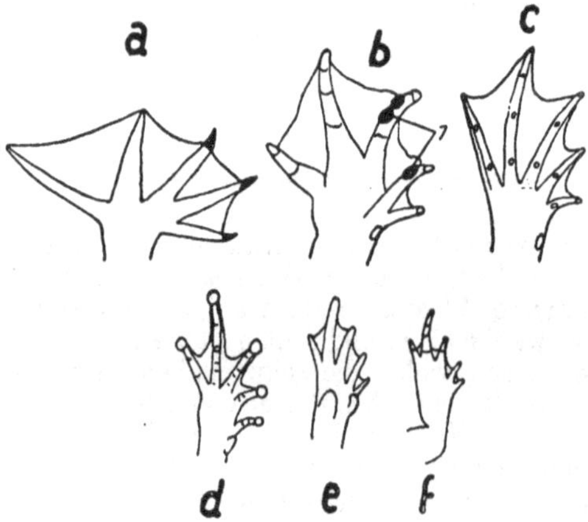

Abb. 20. Anurenhinterfüße mit Schwimmhäuten. — a) *Xenopus laevis*, b) *Bombina variegata* (*1* Brunftschwielen), c) *Rana ridibunda*, d) *Hyla arborea*, e) *Bufo bufo*, f) *Bufo calamita*. (Nach verschiedenen Autoren.)

an Eidechsen erinnernde Geschwindigkeiten. Die Anuren gehen in ähnlicher Weise, z. T. ebenfalls sehr schnell (z. B. *Bufo calamita*). Die Mehrzahl der Froschlurche bewegt sich jedoch vorzugsweise durch Springen mittels der Hinterbeine. Meist erfolgt der Sprung aus sitzender Stellung mit gebeugten Hinterbeinen, bei deren gleichzeitiger plötzlicher Streckung Mittelfuß und Fußglieder „abgerollt“ werden und das Tier heftig von der Unterlage abgestoßen wird. Manche Frösche können so wohlgezielte, sehr weite und hohe Sprünge ausführen; der Springfrosch *(Rana dalmatina)* z. B. solche bis zu 1 m Höhe und 2 m Weite. Manche

Schwanzlurche (z.B. *Aneides)* vermögen ebenfalls durch Abstoßen mit den Hinterbeinen und gleichzeitigem Aufschlagen des Schwanzes relativ große Sprünge auszuführen. Bei den zu den Raniden gehörigen „Flugfröschen" der Gattung *Polypedates (Rhacophorus)* haben auch die Vorderfüße „Schwimmhäute", die wie die zwischen den Zehen beim Sprung waagerecht ausgespannt werden. Gleichzeitig wird der Körper durch Lungenfüllung stark aufgebläht (Abb. 22). Die Bauchhaut und die „Schwimmhäute" bilden so eine Tragfläche, die der Luft einen relativ großen Widerstand bietet und den Frosch zu Gleitflügen (namentlich von erhöhten Punkten aus) von mehreren Metern Weite befähigt. Die meisten Amphibien sind gute Kletterer, die durch Einhaken von Fingern und Zehen in Spalten auch senkrechte rauhe Flächen erklimmen können. An glatten Wänden (z. B. Glasplatten) vermögen viele durch Adhäsion der feuchten Bauch- und Gliedmaßenhaut sich anzuhaften und aufwärts zu schieben, wobei z.T. klebrige Hautsekrete mitwirken. Die meisten Hyliden und einige andere Frösche (z.B. *Polypedates* (Abb. 22), *Hylambates*, *Phyllobates*, *Platyhyla* (Abb. 125), haben an den Fingern und Zehen Haftballen, meist rundliche mit Lymphe gefüllte Blasen, mit denen sie an glatten Flächen klettern können, indem sie sie

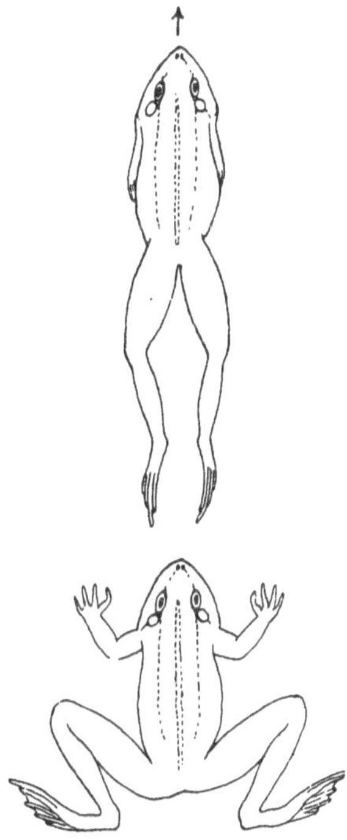

Abb. 21. Schwimmstoß von *Rana esculenta*.

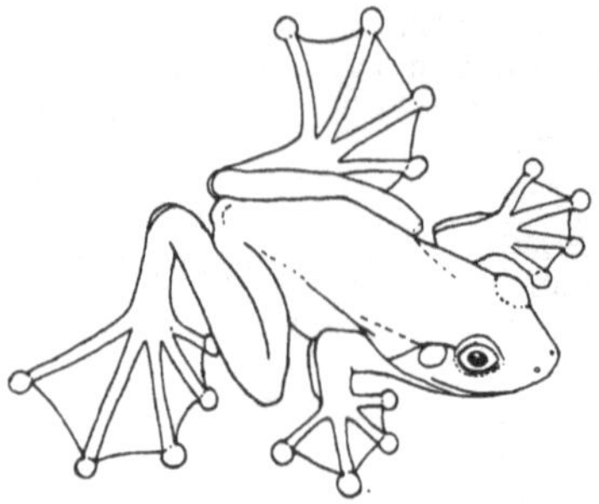

Abb. 22. *Polypedates reinwardti* im Gleitflug. — (Nach Werner.)

Abb. 23. *Phyllomedusa iheringi* beim Klettern. — (Nach Werner.)

Abb. 24. *Scaphiopus holbrookii* mit Grabschaufel am Hinterfuß. — (Nach Noble.)

an die Unterlage andrücken und etwas nach unten ziehen, wobei die Ballen mittels einer dünnen Flüssigkeitsschicht, die aus Hautdrüsen stammt, adhärieren. Einige Baumfrösche (z. B. *Chiromantis, Phyllomedusa)* haben an den Händen opponierbare Finger und können dadurch Zweige umgreifen. Bei *Phyllomedusa* („Makifrosch") ist auch eine Zehe opponierbar. Die Tiere sind Klammerkletterer (Abb. 23). Die Landsalamander *Aneides* und *Hydromantes genei* gebrauchen den Schwanz beim Klettern zum Umgreifen von Stützpunkten. Viele Lurche wühlen sich in Schlamm oder Erde ein und sind mehr oder weniger geschickte Graber. Die hauptsächlich unterirdisch lebenden Blindwühlen bohren mit ihren harten und oft zugespitzten Köpfen nach Art der Regenwürmer Gänge im Boden, und *Amphiuma* pflegt sich in den Grundschlamm der Gewässer einzuwühlen. Landsalamander und einige Anuren graben mit den Vorderfüßen im lockeren Erdreich, während viele Froschlurche durch schaukelnde Bewegungen des Beckens und der Hinterbeine sich rückwärts in den Boden versenken. Manche besonders an das Vergraben angepaßte Formen haben als Grabschaufeln ausgebildete harte und scharfe Fersenhöcker, wie besonders unsere Knoblauchskröte *(Pelobates fuscus)* und die amerikanischen Schaufelfüße der Gattung *Scaphiopus* (Abb. 24).

Die meisten Amphibien sind relativ träge, sich wenig bewegende Tiere mit bestimmten Aktivitätsperioden, die meist von längeren Ruhezeiten unterbrochen werden. Im allgemeinen dürfte die Verteilung von Aktivität und Ruhe hauptsächlich durch den Wechsel von Tag und Nacht bestimmt werden, wenn auch viele andere Faktoren (Temperatur, Feuchtigkeit, Belichtung, Hunger, Brunft u.a.) ihn stark beeinflussen. Unsere *Bufo*arten zeigten im Sommer Aktivitätsperioden in den Morgen-, Mittags- und Abendstunden. Manche Lurche führen weitere periodische Landwanderungen aus, z.B. von den Winterquartieren zu den Laichplätzen in bestimmten Gewässern. Märkische Erdkröten legten dabei Strecken von 700 bis 1000 m zurück.

3. DIE SINNESORGANE UND DAS NERVENSYSTEM

Unter den Sinnesorganen der Amphibien sind die Mechanorezeptoren der Haut von besonderem Interesse, weil der Tastsinn bei diesen weichhäutigen Tieren, von denen die meisten nächtlich leben und eng an die Substrate gebunden sind, eine sehr wichtige Rolle spielt. Tastsinnesorgane kommen in Form von freien Nervenendigungen überall in der Haut vor und finden sich als dunkel pigmentierte sogenannte Tastflecke an verschiedenen Körperstellen (bei *Rana* namentlich auf dem Rücken, an den Hinterbeinen und den Fußsohlen). Es sind Epidermisvorwölbungen, unter denen saftreiche Zellen[1]) an die

[1]) Merkelsche Zellen.

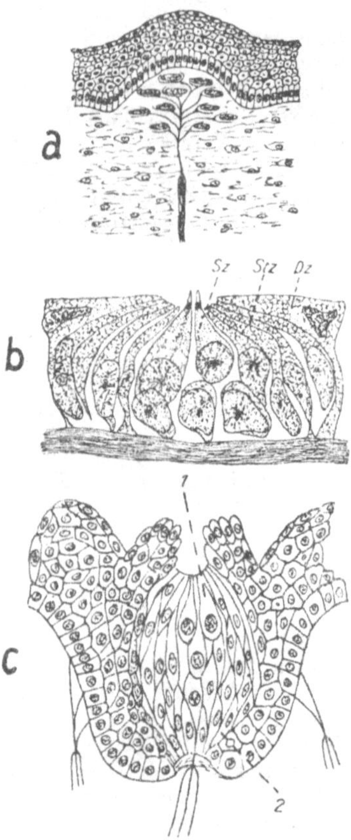

Abb. 25. Tastsinnesorgane. — a) „Tastfleck" aus der Fußsohle von *Rana*, b) Sinnesknospe der Larve von *Salamandra salamandra*, c) eingesenkte Sinnesknospe eines erwachsenen *Triturus vulgaris*, *Dz* Deckzelle, *1* und *Sz* Sinneszelle, *2* und *Stz* Stützzelle. (Nach verschiedenen Autoren.)

scheibenförmig aufgeknäuelte Nervenendigungen (Menisken) herantreten, im Corium liegen (Abb. 25a). Bei den im Wasser lebenden Larven und den erwachsenen Wasseramphibien liegen in der Epidermis Sinnesknospen aus sekundären Sinneszellen, die von Stütz- und Deckzellen umgeben sind (Abb. 25b). Bei nur periodisch sich im Wasser aufhaltenden Formen (z.B. *Triturus)* versinken sie während des Landlebens in die Tiefe (Abb. 25c). Diese „Seitenorgane", die vom Nervus facialis, glossopharyngeus und vagus (s. S. 51) versorgt werden, stehen zu Gruppen angeordnet in verschiedener Orientierung am Kopf und Rumpf (Abb. 26). Auf der Haut der rein aquatilen[1]) Krallenfrösche *(Xenopus)* erheben sich, namentlich an der Schnauze, zahlreiche kleine helle Epidermis-

[1]) Im Wasser lebend.

kegel über Coriumpapillen mit typischen Zellen. Freie Nervenendigungen, Tastflecke und die Kegelorgane von *Xenopus* dürften in der Hauptsache auf Berührungsreize ansprechen, gegen die die meisten Amphibien sehr empfindlich sind. Während stärkere derartige Reize meist durch Flucht- oder Abwehrbewegungen beantwortet werden, reagieren die Tiere auf schwächere oft positiv thigmotaktisch, d.h. durch An- oder Einschmiegung.

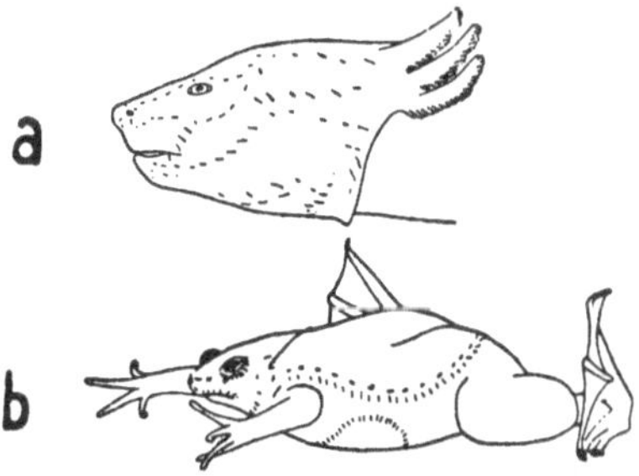

Abb. 26. Anordnung der Seitenorgane. — a) Am Kopf von *Necturus*, b) bei *Xenopus laevis*. (Nach verschiedenen Autoren.)

Sie werden so dazu veranlaßt, sich in Spalten, unter Steinen, zwischen Pflanzenteilen u.a. zu verbergen oder sich in Erde oder Schlamm einzuwühlen. *Xenopus* schnappt zielsicher nach jedem Gegenstand, mit dem seine Kegelorgane an irgendeiner Körperstelle sanft berührt werden. Die Seitenorgane sind Rezeptoren für den „Ferntastsinn“ und sprechen auf Wasserströme und -erschütterungen an.

Abb. 27. Kopf von *Ichthyophis glutinosus*. (Nach Sarasin.)

Krallenfrösche schwimmen kleine im Wasser bewegte Körper auf Entfernungen bis zu 15 cm mit erstaunlicher Präzision an, und geblendete Molche *(Triturus)* lassen sich mit einem zitternd bewegten Glasstabe im Wasser umherführen. Auf dem Lande können Amphibien sich auch nach Luftbewegungen (Wind) orientieren. Molche *(Triturus)* und Kröten *(Bufo bufo)* bewegten sich in künstlichen Luftströmen vorwiegend mit dem Winde. Sehr eigenartige Bildungen, die im allgemeinen als Tastorgane angesehen werden, sind die Tentakel der Gymnophionen, kurze Schläuche, die an ihren Spitzen Nervenendigungen haben und durch Blutdruck vorgestoßen werden (Abb. 27). Mittels besonderer Muskeln werden sie in Gruben zwischen den Augen und den Nasenlöchern (Abb. 8) zurückgezogen. In die Tentakeltaschen ergießen sich die Sekrete der mächtig entwickelten Harderschen Drüsen, wohl um sie rein zu halten. Mit den Tentakeln „betasten" die Wühlen häufig die Unterlage.

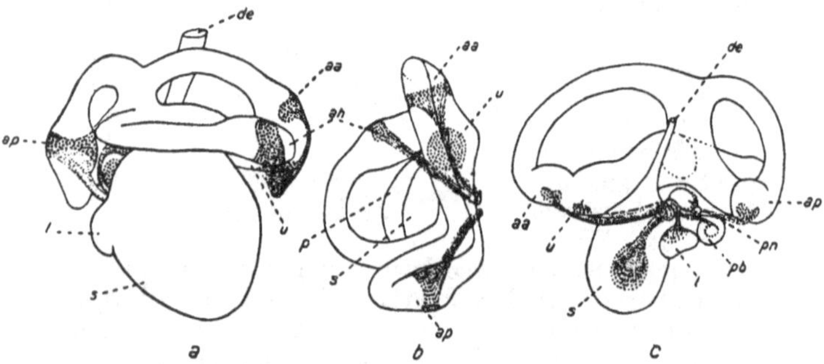

Abb. 28. Ohrlabyrinthe von Amphibien. — a) *Ichthyophis glutinosus*, b) *Salamandra salamandra*, c) *Rana esculenta*, *aa* Ampulla anterior, *ah* Ampulla horizontalis, *ap* Ampulla posterior, *de* Ductus endolymphaticus, *l* Lagena, *p* perilymphatischer Raum, *pb* Pars basilaris, *pn* Pars neglecta, *s* Sacculus, *u* Utriculus. (Nach verschiedenen Autoren.)

Wie bei allen Wirbeltieren ist auch bei den Amphibien das in der knorpligen oder knöchernen Schädelkapsel gelegene paarige Labyrinth ein Organ zur Rezeption mechanischer Reize, die durch Eigenbewegungen des Tieres, die Schwerkraft und durch Schallwellen erzeugt werden. Es gliedert sich in eine Pars superior, die aus den drei Bogengängen und dem Utriculus besteht, und in die Pars inferior, die durch den Sacculus und seine Nebenhöhlen dargestellt wird. Die aus sekundären Sinneszellen mit Stiftchen aufgebauten Sinnesstellen werden durch Äste des Nervus stato-acusticus versorgt (Abb. 28). In den Ampullen der Bogengänge stehen die Cristae staticae, deren Sinnesstiftchen scheibenförmige Endkuppeln[1]) tragen. Bei Drehung des Tieres in der Ebene eines Bogengangpaares werden die entsprechenden Kuppeln durch die relative Endolymphströmung in den Kanälen so abgelenkt, daß reflektorisch Kompensationsdrehung und nach dem Aufhören der Drehung Nachdrehung in entgegengesetzter Richtung auftritt. Im allgemeinen sind bei den Lurchen nur die ampullopetalen[2]) Endolymphströme wirksam, die Cristazellen antworten nur auf Verbiegung ihrer Stiftchen in Richtung zum Utriculus hin. In manchen Fällen scheint auch der entgegengesetzte Strom schwach wirksam sein zu können. Auf dem Boden des Utriculus liegt bei allen Amphibien die Macula utriculi mit Statokonien aus kohlensaurem Kalk und phosphorsaurer Magnesia. Sie allein scheint für die reflektorische Erhaltung des statischen Gleichgewichts, also für die Orientierung nach der Erdschwere, verantwortlich zu sein. Der Sacculus enthält eine mit Statokonien versehene Sinnesstelle (Macula sacculi) und eine größere Ausbuchtung, die Lagena, die auch mit einer Macula mit Statokonien ausgestattet ist. Zwei kleinere Buchten, die Pars basilaris und Pars neglecta, tragen bei den Gymnophionen ebenfalls Statokonien, während sie bei den Urodelen und Anuren aus flächenhaft angeordneten Sinneszellen bestehen, die von einer zarten cuticularen Membrana tectoria bedeckt werden. Bei den Anuren steht die Pars basilaris mit einer verdünnten Wandstelle — der Membrana basilaris — in Beziehung, die an perilymphatische Räume grenzt (Abb. 31).

Bei allen Lurchen geht von der Oberseite des Sacculus der mit Endolymphe gefüllte Ductus endolymphaticus aus, der sich in der Schädelhöhle, zu dem großen Saccus endolymphaticus erweitert (Abb. 31). Bei erwachsenen Anuren steht er mit einem Hohlraumsystem in Verbindung, das sich durch den Spinalkanal erstreckt und bei einigen Formen (z.B. *Rana*) Ausbuchtungen durch die Intervertebrallöcher entsendet, die die Spinalganglien umgeben. Die Hohlräume sind mit Kalk-

[1]) Cupulae terminales. [2]) = nach den Ampullen hin gerichtet.

kristallen angefüllt und bilden die sog. **Kalksäckchen** an den Spinalganglien von *Rana* (Abb. 29), über deren Bedeutung wir nur sehr wenig wissen.

Die Rezeptoren für Schallreize, also die **Gehörorgane** der Amphibien, sind wahrscheinlich die Pars basilaris und neglecta; wenigstens bei den Urodelen und Anuren, bei denen sie keine Statokonien tragen. Ob die Gymnophionen hören können, wissen wir nicht. Ein äußeres Ohr fehlt allen Amphibien. Bei den Apoden und Urodelen fehlt auch das Mittelohr (die Paukenhöhle). Das Trommelfell und der schallleitende Apparat sind sehr reduziert. Bei Apoden und Urodelenlarven ist nur ein kurzes Gehörknöchelchen, der Stapes oder Stilus, vorhanden, das mit einer Fußplatte das ovale Fenster verschließt und mit dem Palatoquadratum oder Squamosum gelenkig verbunden ist (Abb. 30a). Bei den erwachsenen Urodelen bedeckt die Stapesplatte nur den vorderen Teil der Fenestra ovalis, während auf dem hinteren eine große ovale Knorpelplatte, das Operculum, liegt, die durch den Musculus opercularis mit dem Schulterblatt verbunden ist (Abb. 30b). Es könnten so auf dem Lande Bodenerschütterungen über die Vordergliedmaßen auf die Labyrinthe übertragen werden. Bei *Bombina* und *Pelobates* sind Paukenhöhle und schalleitender Apparat ebenfalls rückgebildet. Die meisten übrigen Anuren haben Trommelfelle, die oft als relativ große runde oder ovale Membranen gut kenntlich in der Körperfläche liegen (s. z. B. Abb. 2c). Bei einigen For-

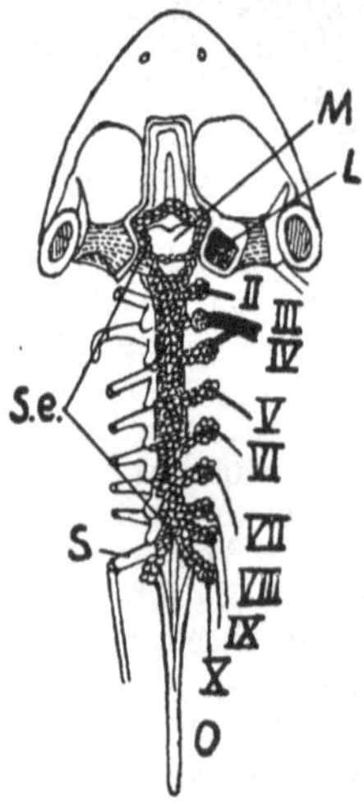

Abb. 29. Kalksacksystem des Saccus endolymphaticus von *Rana*. — *L* Labyrinthhöhle (eröffnet), *M* Mittelhirn, *O* Os coccygis, *S* Sacralwirbel, *S.e.* Saccus endolymphaticus, *II–X* Spinalnerven. (Nach Versluys.)

men haben sie die Beschaffenheit der übrigen Körperhaut und sind dadurch nicht sichtbar. Unter den Trommelfellen liegen die Paukenhöhlen, von denen jede durch eine weite Tuba eustachii mit der Mundhöhle kommuniziert (Abb. 31). Nur bei den *Pipidae* stehen beide Paukenhöhlen durch eine gemeinsame enge Öffnung mit dem Rachenraum in Verbindung. Vom Trommelfell zieht das stabförmige, im Mittelteil verknöcherte, knorplige Plectrum zu dem Operculum, das das ovale Fenster verschließt. Trommelfell und Plectrum bilden sich erst bei der Metamorphose, fehlen also den Anurenlarven.

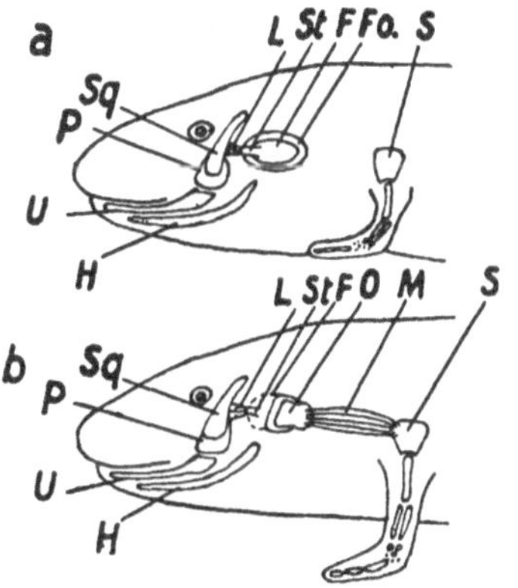

Abb. 30. Schema der Gehörknöchelchen der Urodelen. — a) Larve, b) erwachsenes Tier, *F* Fußplatte des Stapes, *F. o.* Fenestra ovalis, *H* Hyoidbogen, *L* Ligament, *M* Musculus opercularis, *O* Operculum, *P* Palatoquadratum, *S* Scapula, *Sq* Squamosum, *St* Stapes (Stilus), *U* Unterkiefer. (Nach Versluys.)

Viele Froschlurche produzieren Töne (s. S. 66), die z. T. sehr laut und auffällig sind und von denen es gewiß ist, daß sie im Geschlechtsleben von Bedeutung sind, also von den Artgenossen wahrgenommen werden müssen. Es ist auch experimentell nachgewiesen (mittels der Beeinflussung gewisser Reflexe durch akustische Reize), daß manche Frösche mit Hilfe der Labyrinthe Töne rezipieren, also hören. Urodelenlarven *(Ambystoma* und *Salamandra)* ließen sich auf Töne dressieren, wodurch gezeigt wurde, daß Axolotllarven mit den Labyrinthen Töne von 32—244 Hertz wahrnehmen können, und daß in der Regel das von ihnen unterschiedene Intervall eine Quarte ist.

Temperatursinnesorgane sind von Amphibien nicht mit Sicherheit bekannt (wie von keinem Wirbeltier). Es ist anzunehmen, daß sie in Form von freien Nervenendigungen in der Haut liegen, und zwar die „Kältepunkte“ oberflächlicher als die „Wärmepunkte“. Bei thermischer Reizung der Beine von *Rana clamitans* und *pipiens* (durch Eintauchen in verschieden warmes Wasser)

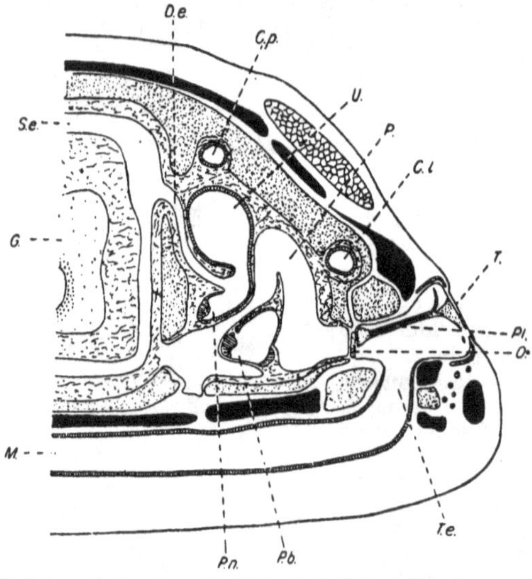

Abb. 31. Schematischer Querschnitt durch die Labyrinthregion von *Rana*.— *C.l.* lateraler Bogengang, *C.p.* hinterer Bogengang, *D.e.* Ductus endolymphaticus, *G* Gehirn, *M* Mundhöhle, *O* Operculum, *P* Perilymphatische Räume, *P.b.* Pars basilaris, *Pl* Plectrum, *P.n.* Pars neglecta, *S.e.* Saccus endolymphaticus, *T* Trommelfell, *T.e.* Tuba eustachii, *U* Utriculus. (Nach Plate.)

traten Reaktionen (Wegziehen der Beine) ziemlich konstant bei Temperaturen etwas unter +45 oder +10°C auf. Die Reiztemperaturen sind konstant und unabhängig von den Außentemperaturen. Die meisten Lurche sind sehr empfindlich gegen Temperaturunterschiede und orientieren sich in einem Temperaturgefälle, indem sie sich bei bestimmten, artlich verschiedenen Bodentemperaturen zur Ruhe legen. Die Höhen dieser Vorzugstemperaturen stehen in Beziehung zu den Lebensweisen und Biotopen der einzelnen Arten und sind bei den aus der Holarktis stammenden Urodelen im allgemeinen tiefer als bei den wohl in wärmeren Klimagebieten entstandenen Anuren, wie die Tabelle[1]) an Beispielen aus der deutschen Fauna zeigt.

Lurchart	Mittelwerte der Vorzugs-temp. + °C	Hauptbiotope
Salamandra salamandra	18,6	Feuchte Mittelgebirgswälder
Salamandra atra	18,5	Hochgebirge
Triturus cristatus	20,6	Tiefere Tümpel
Triturus vulgaris	23,5	Flachere Tümpel
Triturus helveticus	21,2	Gebirgstümpel
Triturus alpestris	22,6	Tümpel in Gebirge und Ebene
Bombina bombina	21,2	Meist kleine verwachsene Gewässer
Hyla arborea	27,4	Auf Bäumen und Sträuchern
Pelobates fuscus	28,7	Relativ trockener Boden (z.B. Spargelfelder)
Bufo bufo	26,9	Meist feuchte Wälder u.dgl.
Bufo calamita	30,1	Stranddünen u.dgl.
Bufo viridis	32,9	Steppenartiges Gelände
Rana ridibunda	30,9	Große Gewässer
Rana esculenta	28,7	Teiche, Seen u.dgl.
Rana temporaria	29,6	Feuchte Wälder, Moore u.dgl.
Rana arvalis	29,6	

Die meisten Amphibien reagieren auf manche chemischen Stoffe (namentlich Säuren und Basen), die mit ihrer weichen feuchten Haut in Berührung kommen, durch typische Abwehrbewegungen, z.B. durch Wischen mit einem Fuß über die ge-

[1]) nach Strübing.

reizte Stelle („Wischreflex"). Die für diese allgemeine chemische Reizbarkeit verantwortlichen Rezeptoren dürften freie Endigungen der Spinalnerven sein.

Die Geruchsorgane liegen bei allen Lurchen in den paarigen Nasenhöhlen. Sie sind bei einigen Wasserurodelen (z.B. *Proteus)* sehr einfach gebaut und bestehen aus schlauchförmigen Hohlräumen, die die in der Oberlippe gelegenen äußeren Nasenlöcher mit den Choanen

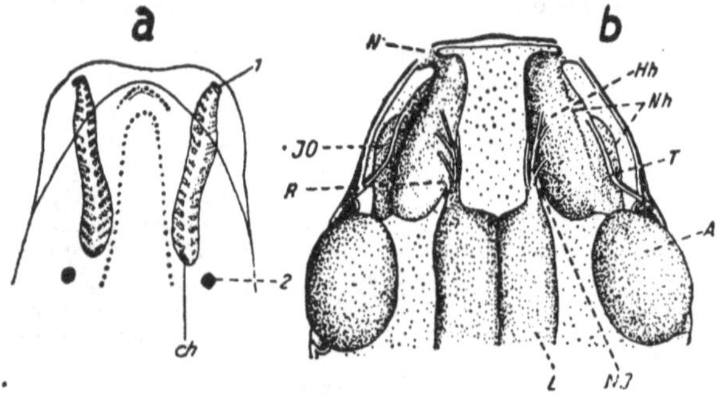

Abb. 32. Geruchsorgane von Urodelen. — a) *Proteus anguinus*, b) *Triturus alpestris* (Larve). *A* und *2* Auge, *Ch* Choane, *Hh* Haupthöhle, *JO* Jacobsonsches Organ, *L* Lobus olfactorius, *N* und *1* Nasenloch, *Nh* Nebenhöhlen, *NJ* Nerv des Jacobsonschen Organs, *R* Riechnerv, *T* Tränennasengang. (a nach Matthes, b nach Schuch.)

verbinden (Abb. 32a). Die Riechzellen — primäre Sinneszellen, die von den Nervi olfactorii (s. S. 51) versorgt werden — stehen in „Knospen" in der Schleimhaut. Bei *Triturus* gliedert sich jede Nasenhöhle in die mediane Haupthöhle und die flachere laterale Nebenhöhle („Nasenrinne"), deren vorderer Teil durch den Tränen-Nasengang mit einem Porus auf dem unteren Augenlid („Tränenpunkt") verbunden ist (Abb. 32b). Der hintere Teil, das Jacobsonsche Organ, ist bei Landtieren flacher als bei Wassertieren. Die Nasenhöhlen sind mit Flimmerepithel ausgekleidet, zwischen dem das Riechepithel in Flächen und Streifen liegt. Die Sinneszellen, zwischen denen Schleim sezernierende Stützzellen stehen, tragen „Haare", die bei

Landtieren etwa dreimal so lang wie bei Wassertieren sind. Bei den Anuren ist das Jacobsonsche Organ ein Blindsack, der sich nach medial bis an die Nasenscheidewand

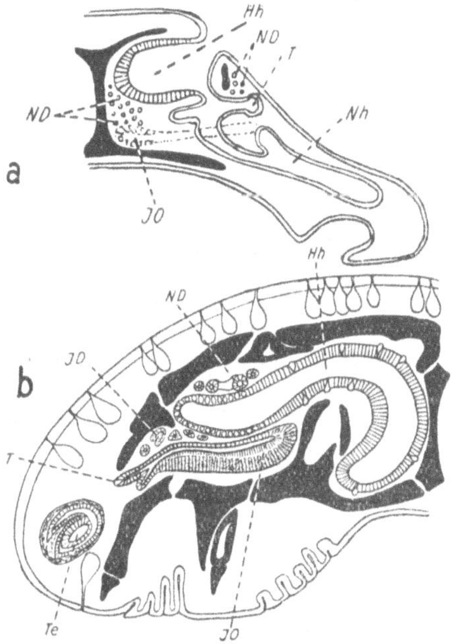

Abb. 33. Geruchsorgane von Anuren und Apoden. — a) *Rana*, b) *Ichthyophis glutinosus*. *Hh* Haupthöhle, *JD* Jacobsonsche Drüsen, *JO* Jacobsonsches Organ, *ND* Nasendrüsen, *Nh* Nebenhöhle, *T* Tränen-Nasengang, *Te* Tentakel. (a nach Bütschli, b nach Sarasin.)

erstreckt (Abb. 33a). Bei den Gymnophionen ist es noch stärker von den Haupthöhlen abgesondert (Abb. 33b) und steht nur in der Nähe der Choanen mit ihnen in Verbindung. Im Wasser lebende Molche (*Triturus*) nehmen durch Senken des Mundbodens Wasser in die Nasenhöhlen ein, wobei sie es geruchlich prüfen. Sie können dadurch Geruchsstoffe abgebende Nahrungskörper auf mehrere Zentimeter Entfernung auffinden. Nach Durchtrennung der Riechnerven oder künstlichen Verschluß der Nasenlöcher sind sie dazu nicht mehr imstande. Auf das Land gebracht, können die Molche erst nach einigen Tagen riechen, weil die im Wasser verkürzten „Haare" der Riechzellen erst bis zu ihrer dreifachen Länge auswachsen müssen. Sie können dann auf kurze Strecken – selbst durch dünne

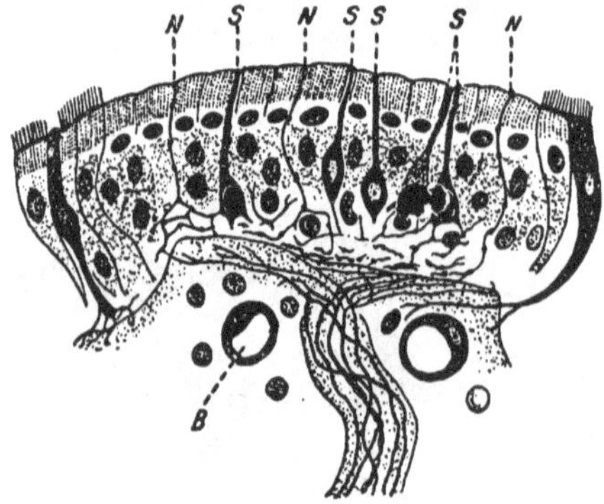

Abb. 34. Endscheibe der Zunge von *Rana*. — *B* Blutgefäß, *N* freie Nervenendigungen, *S* Sinneszellen. (Nach Gaupp.)

Erdschichten hindurch – Nahrungsmittel geruchlich auffinden und Spuren von Beutetieren (z.B. Regenwürmern) verfolgen sowie sich in einem Duftgefälle in strömender Luft orientieren. Dressuren ergaben, daß die Riechschwellen für einige künstliche Duftstoffe bei den Molchen sowohl auf dem Lande als auch im Wasser etwa ebenso liegen wie beim Menschen. Geblendete Krallenfrösche (*Xenopus*) werden durch die ins Wasser diffundierenden Duftstoffe von einem Mehlwurm alarmiert und schwimmen suchend umher, bis sie die Beute gefunden haben. Über den Geruchssinn der Landanuren ist nur sehr wenig bekannt. Erdkröten, die sich in einem künstlichen Luftstrom für gewöhnlich mit dem Winde bewegten (s. S. 33), gingen gegen den Wind, wenn dieser mit dem Duft von Quellmoos *(Fontinalis)* aus dem Laichgewässer geschwängert war. Über den Geruchssinn der Gymnophionen wissen wir nichts; ebenso nichts über die Bedeutung des Jacobsonschen Organs bei allen Lurchen.

Geschmacksorgane liegen auf der Zunge, am Gaumen und auf dem Mundboden. Bei den Urodelen sind es Knospen von sekundären Sinneszellen. Bei den Anuren werden im allgemeinen sogenannte Geschmacks- oder Endscheiben dafür gehalten. Dies sind Komplexe von Sinneszellen und freien Nervenendigungen (Abb. 34), die namentlich an den Papillae fungiformes des Zungenrückens liegen. Die meisten Amphibien scheinen keinen sehr feinen Geschmackssinn zu haben und fressen z. B. stark mit Chinin verbitterte Nahrungskörper. Molche *(Triturus)* lassen sich auf die 4 Qualitäten sauer, süß, salzig und bitter dressieren.

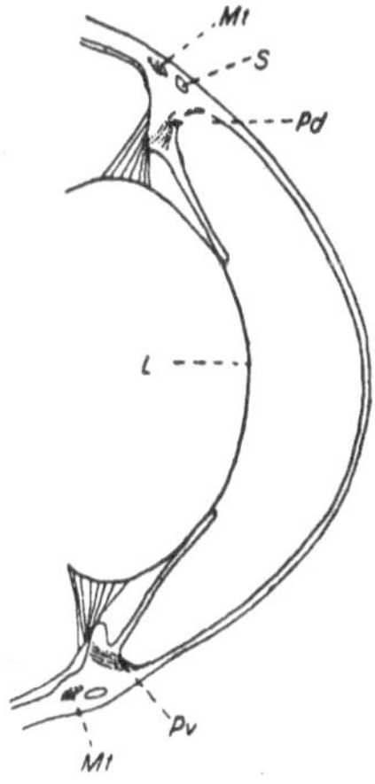

Abb. 35. Akkommodationsapparat von *Rana temporaria*. — *L* Linsenkapsel, *Mt* Musculus tensor chorioideae, *Pd* M. protractor lentis dorsalis, *Pv* M. protr. lent. ventralis, *S* Schlemmscher Kanal. (Nach Franz.)

Für Molche *(Triturus)* ist ein Feuchtigkeitssinn nachgewiesen, dessen Rezeptoren wir allerdings noch nicht kennen. Sie suchen (auch nach Ausschaltung des Geruchssinnes) in einem Feuchtigkeitsgefälle die Orte größter relativer Luftfeuchtigkeit auf.

Die wichtigsten Lichtsinnesorgane der Amphibien sind paarige Augen am Kopf, die nach dem allgemeinen Bauplan des Wirbeltierauges gebildet sind. Eine Besonderheit bietet der Akkommodationsmechanismus (Abb. 35). Das in der Ruhe fernakkommodierte Auge der Anuren wird dadurch für das Nahsehen eingestellt, daß die Linse durch 3 besondere glatte Muskeln (Musculus protractor lentis dorsalis und ventralis und M. tensor chorioideae) in der Nähe des Ziliarkörpers nach vorn gebracht, also ihr Abstand von der Netzhaut vergrößert wird. Einige erdbewohnende Apoden und in Höhlengewässern lebende Urodelen (*Proteus, Typhlomolge, Typhlotriton*) haben unvollkommen entwickelte oder rückgebildete Augen, die unter der Haut liegen. Bei *Proteus* sollen sie durch jahrelange experimentelle Beeinflussung durch Licht zu vollkommener Ausbildung gebracht werden können. Relativ kleine lidlose Augen haben dauernd im Wasser lebende Urodelen (*Amphiumidae, Proteidae, Meantes*). Größer und mit Lidern ausgestattet sind die Augen der Salamandriden, besonders groß bei den in halbdunklen Höhlen lebenden *Hydromantes*arten. Bei den Anuren haben die aquatilen *Pipidae* kleine Augen, während manche Baumfrösche (einige Hyliden, *Polypedates*) durch besonders große Sehorgane ausgezeichnet sind. Das *Rana*auge (Abb. 36) ist annähernd kuglig und enthält in der Retina 2 Arten von Stäbchen („rote" und „grüne") und weniger zahlreiche Zapfen. Die Anzahl der Sehelemente wird auf 23000 bis 95000 je qmm² geschätzt. Dorsal des Sehnervenaustritts liegt eine streifenförmige Area centralis. Die Sehnervenfasern kreuzen sich total. Das obere kurze Augenlid ist unbeweglich. Lidschluß erfolgt durch Hochziehen des unteren Lides, dessen oberer in der Ruhe eingefalteter Teil milchig durchscheinend ist. Er wird oft fälschlich als „Nickhaut" bezeichnet. Der Bulbus kann durch einen besonderen Muskel (Musculus retractor bulbi) in die Augenhöhle zurückgezogen und durch einen anderen (M. levator bulbi) wieder vorgebracht werden. Eine große Hardersche Drüse ergießt Tränenflüssigkeit in den Konjunktivalsack, die durch den Tränen-Nasengang (s. S. 40) in die Nase abfließt. Die von der bei vielen Froschlurchen metallisch gefärbten Iris gebildete Pupille ist bei *Rana* und *Bufo* queroval, bei *Bombina* dreieckig und bei *Pelobates* und *Alytes* senkrecht stehend. Die Linse von *Xenopus* ist in

Anpassung an das Wasserleben fast kuglig. Bei den ganz im Wasser lebenden Urodelen sind die Linsen ebenfalls sehr stark gewölbt oder kuglig, die Pupillen meist queroval. Die Regenbogenhäute der Schwanzlurche sind metallisch gefärbt (z. B. bei *Triturus*) oder auch ganz schwarz (z. B. bei *Salamandra*). Es ist nur ein sehr kleiner

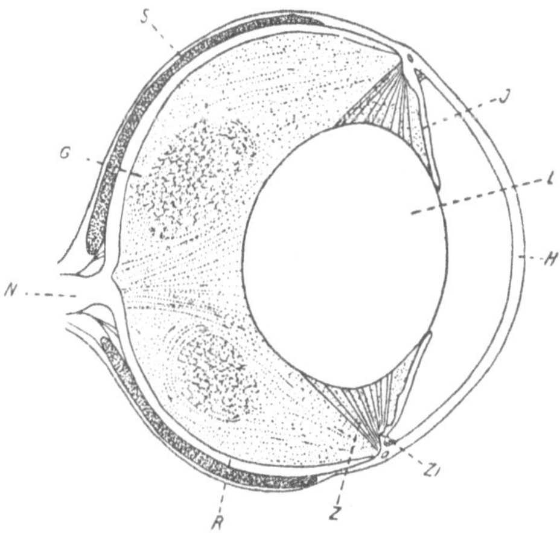

Abb. 36. Horizontalschnitt durch das Auge von *Rana esculenta*. — *G* Glaskörper, *H* Hornhaut, *I* Iris, *L* Linse, *N* Sehnerv, *R* Retina, *S* Skleraknorpel, *Z* Zonulafasern, *Zi* Ziliarkörper. (Nach Franz.)

ventraler Musculus retractor lentis vorhanden. Die meist ziemlich kleinen Augen der Anurenlarven sind lidlos und werden von der äußeren Haut in Form der durchsichtigen „Brille" überwölbt.

Die Adaptation an verschiedene Lichtintensitäten erfolgt bei den Lurchen durch Pupillenreaktionen und durch ziemlich weitgehende Längenveränderungen der Sehzellen und Pigmentwanderung. Die Stäbchen enthalten reichlich Sehpurpur, der erstmalig in Amphibiennetzhäuten gefunden wurde. Seine Bleichwerte bei Licht verschiedener Wellenlängen entsprechen etwa denen des Menschen beim Dämmerungssehen. In neuerer Zeit sind auch in den Zapfen von *Rana* lichtsensible Substanzen (Zapfensubstanzen) gefunden worden.

Die meisten Amphibien sind recht lichtempfindlich und reagieren auf Beleuchtungsänderungen durch Änderungen der Atemfrequenz, unorientierte Körper- und Gliedmaßenbewegungen oder auch durch negative oder positive Phototaxis. Derartige Reaktionen können bei manchen Arten auch nach Ausschaltung der Augen auftreten. Es ist also ein Haut-Lichtsinn vorhanden, dessen Rezeptoren wohl freie Nervenendigungen in der Haut sein dürften. Orientiertes Aufsuchen dunkler Flächen in heller Umgebung (Skototaxis) ist häufig zu beobachten und läßt die Tiere in der Natur wohl ihre Schlupfwinkel auffinden. Amphibien mit gut entwickelten Augen (z.B. *Rana*, *Triturus)* zeigen sehr deutlich optomotorische Reaktionen, d.h., sie fixieren optische Marken (z.B. schwarze Streifen auf hellem Grunde), die an ihnen vorbeibewegt werden, und folgen der Bewegung durch entsprechende Kopf- oder Körperdrehungen (Abb. 37). Eine besonders wichtige Rolle spielt das Bewegungssehen im Leben der meisten Amphibien, die hauptsächlich mit seiner Hilfe ihre Nahrung, die ja vorzugsweise aus kleinen beweglichen Tieren besteht, erlangen. Die meisten fixieren und erschnappen die Beutetiere nur, wenn sie sich bewegen. Wie Untersuchungen ergaben, bei denen man sich der optomotorischen Reaktionen auf verschieden schnell gedrehte Streifenmuster bediente, können die meisten Amphibien nur verhältnismäßig langsame Bewegungen rezipieren, was mit ihrer Bevorzugung relativ träger Beutetiere in Einklang steht. *Rana temporaria* ist noch bei sehr geringen Beleuchtungsintensitäten, bei denen die meisten anderen Wirbeltiere dazu nicht mehr in der Lage sind, zum Bewegungssehen fähig, was gut dazu paßt, daß der Grasfrosch in der Natur hauptsächlich in der Dämmerung jagt. Obgleich im natürlichen Leben der meisten Lurche das Formensehen kaum eine Rolle spielen dürfte, ließen sich einige Anuren *(Pelobates fuscus, Bombina bombina, Bufo bufo, Hyla arborea, Rana temporaria, R. esculenta)* auf die Unterscheidung verschieden geformter optischer Signale dressieren. Entsprechend der großen Bedeutung des Bewegungssehens für diese Tiere lernten die meisten nur, wenn die Signale pendelnd bewegt wurden. Jedoch gelang es, Laubfrösche darauf zu dressieren, ruhende Rechtecke von Rhomben, diese von Dreiecken und flächengleiche Parallelogramme nach den verschiedenen Größen der Kantenwinkel voneinander zu unterscheiden. Urodelen *(Salamandra salamandra* und *Triturus cristatus)* lernten (allerdings sehr langsam) die Unterscheidung folgender pendelnd oder zitternd bewegter Signale: Größere gegen kleinere Kreisscheibe und Dreieck gegen Quadrat. Bemerkenswert ist, daß Feuersalamander die als Larven gelernte Unterscheidung der Signale nach der Metamorphose noch behalten

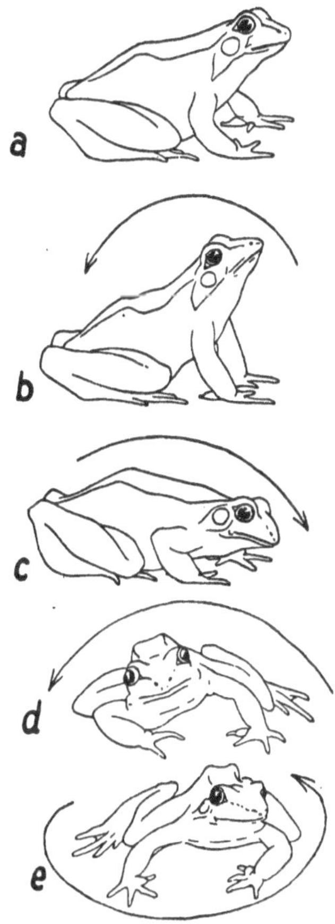

Abb. 37. Körperstellungen von *Rana temporaria*. — a) ungereizt, b—e) bei Drehung von Streifenmustern in den Pfeilrichtungen (optomotorische Reaktionen.) (Nach Birukow.)

hatten. Da die Netzhäute der Urodelen und Anuren Zapfen enthalten, ist anzunehmen, daß sie zum Farbensehen fähig sind. Durch Dressuren und durch Versuche mit den optomotorischen Reaktionen ist nachgewiesen, daß *Salamandra salamandra*, *S. atra*, *Triturus helveticus* und *Bombina variegata* voll farbentüchtig sind, *Triturus vulgaris*, *alpestris*, *cristatus*, *Hyla arborea* und *Rana temporaria* einen beschränkten Farbensinn haben – meistens können sie nur Rot und Blau unterscheiden –, während *Alytes obstetricans*, *Bufo bufo* und *calamita* total farbenblind zu sein scheinen. Einige Anuren (*Bufo*, *Hyla*, *Rana*) vermögen das für den Menschen unsichtbare Ultraviolett zu „sehen". Sie schnappten bei Bestrahlung mit Ultraviolett von 313 bis 366 $\mu\mu$ mit normaler Treffsicherheit nach Mehlwürmern.

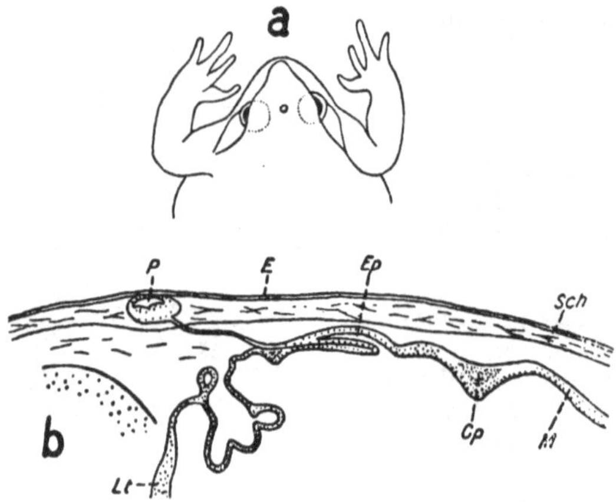

Abb. 38. Pinealaugen. – a) *Rana temporaria* (Scheitelfleck), b) Larve von *Rana temporaria* (Längsschnitt). *Cp* Commissura posterior, *E* Epidermis, *Ep* Epiphyse, *Lt* Lamina terminalis, *M* Mittelhirn, *P* Pinealorgan, *Sch* Schädeldach. (a nach Gaupp, b nach Plate.)

Bei den meisten Anuren und ihren Larven kommt ein Pinealorgan oder Pinealauge vor, das als Scheitelfleck

(Abb. 38a) in Erscheinung tritt. Bei metamorphosierten Tieren besteht es aus einem Zellhaufen in einer bindegewebigen Kapsel, bei Larven aus einem dicht unter der Epidermis gelegenen Bläschen mit verdickter unterer Wand (Abb. 38b). Das Organ ist mit der Epiphyse durch einen Nerven verbunden. Ob es sich um ein Lichtsinnesorgan handelt, ist nicht entschieden.

Wie bei allen Wirbeltieren gliedert sich das Nervensystem der Amphibien in das Gehirn, das Rückenmark, die Gehirn- und Rückenmarksnerven und das sympathische Nervensystem (Abb. 39a). Das Gehirn ist verhältnismäßig klein und füllt die Schädelhöhle nicht aus, in der zwischen den Hirnhäuten Lymphräume und der bei den Anuren besonders stark entwickelte Saccus endolymphaticus (s. S. 35) liegen. Der größte Teil ist das Vorderhirn, das aus den beiden langgestreckten Hemisphären besteht, die bei Gymnophionen und Urodelen voneinander getrennt und bei Anuren vorn (im Bereich der Riechlappen) miteinander verwachsen sind (Abb. 39). Die äußeren Wände der Hemisphären (Pallium) sind dünn und enthalten Nervenzellen, die jedoch noch keine geschlossenen Lagen, also keine eigentliche Rinde (Cortex) wie bei den höheren Wirbeltieren, bilden. Die Basalganglien sind schwach entwickelt. In den Wänden des Zwischenhirns, das bei Proteiden und *Meantes* sehr klein und bei Anuren am größten ist, liegen gut entwickelte Thalami optici. Im Dach ragt ein Adergeflecht als Paraphyse hervor. Dahinter erhebt sich die Epiphyse, die bei Gymnophionen und Urodelen nur schwach entwickelt ist und bei Anuren mit dem Pinealauge in Verbindung steht (s. S. 48). Am Boden des Zwischenhirns erhebt sich das Chiasma opticum und buchtet sich nach unten das Infundibulum aus, an dem die Hypophyse sitzt (s. S. 76). Die Lobi optici des Mittelhirns, in die sich Hohlräume des 3. Ventrikels erstrecken, sind bei manchen Urodelen (z. B. *Proteus, Necturus)* sehr klein, mittelgroß bei Salamandrinen und Gymnophionen und am größten bei den Anuren, bei denen sie den breitesten Teil des ganzen Gehirns bilden. Das Kleinhirn ist bei allen Lurchen sehr schwach entwickelt. Bei Urodelen ist es nur als flache

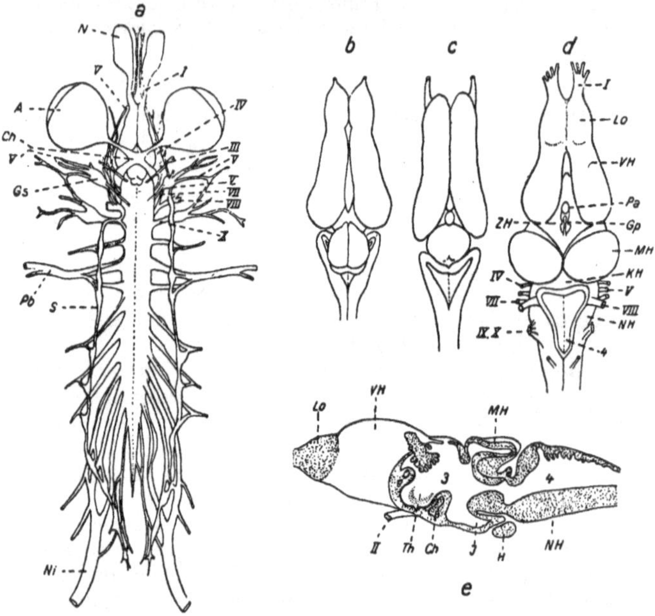

Abb. 39. Nervensystem. — a) das ganze Nervensystem von *Rana*, b) Gehirn von *Ichthyophis glutinosus*, c) Gehirn von *Triturus cristatus*, d) Gehirn von *Rana esculenta*, e) Sagittalschnitt durch das Gehirn von *Rana*. *I—X* Hirnnerven, *3* und *4*: 3. und 4. Ventrikel, *A* Auge, *Ch* Chiasma opticum, *Gs* Ganglion semilunare, *Gp* Glandula pinealis, *H* Hypophyse, *I* Infundibulum, *KH* Kleinhirn, *Lo* Lobus olfactorius, *MH* Mittelhirn, *N* Nasensack, *NH* Nachhirn, *Ni* Nervus ischiadicus, *Pa* Paraphyse, *Pb* Plexus brachialis, *S* Sympathicus, *Th* Thalamus opticus, *VH* Vorderhirn, *ZH* Zwischenhirn. (Nach Bütschli und Wiedersheim.)

Leiste ausgebildet oder verschwindet fast ganz (*Proteus Siren*), während es bei Gymnophionen und Anuren eine kleine etwa senkrecht stehende Platte bildet. Bei *Hyla arborea* weist es einige Furchen auf, was von anderen Lurchen nicht bekannt ist. Das verlängerte Mark, dessen Rautengrube (4. Ventrikel) bei den Gymnophionen vom Mittel- und Kleinhirn verdeckt wird, ist bei diesen und den Anuren verkürzt. Gehirnnerven sind nur 10 vorhanden (Abb. 39a, d), da der Nervus accessorius (XI. Hirnnerv) nicht vom Nervus vagus (X) getrennt ist und der Nervus hypoglossus (XII) fehlt. Der Riechnerv (I) ist sehr kurz. Die Nervi trigeminus (V), abducens (VI) und facialis (VII) sind eng verbunden. Bei den Larven, den ganz im Wasser lebenden Urodelen und den aglossen Anuren, die Seitenorgane (s. S. 32) haben, werden diese durch Äste des Nervus facialis, glossopharyngeus (IX) und vagus (Ramus lateralis) versorgt.

Das Rückenmark reicht bei den geschwänzten Formen bis zum hinteren Körperende. Bei Anuren erstreckt sich sein stark verjüngtes caudales Ende in das Steißbein. Die Spinalnerven bilden bei den Formen mit Extremitäten einen Plexus cervico-brachialis und lumbo-sacralis.

Das sympathische Nervensystem ist bei allen 3 Ordnungen gut ausgebildet und besteht aus den mit segmental angeordneten Ganglien ausgestatteten ventral seitlich von der Wirbelsäule gelegenen beiden Grenzsträngen, die durch Rami communicantes mit den Spinalnerven verbunden sind. Der Sympathicus versorgt die inneren Organe (Darm, Nieren, Gonaden, Gefäße usw.).

Die Physiologie des Nervensystems der Amphibien ist so weitgehend wie wohl bei keiner anderen Tiergruppe bekannt, da Lurche, besonders Anuren, die am meisten zu derartigen Untersuchungen benutzten Objekte sind. Die Gesetzmäßigkeiten der Nerven- und Muskelphysiologie der Wirbeltiere sind fast alle an Fröschen erforscht worden. Von elektrischem Gleichstrom durchflossene Amphibien zeigen anodische Galvanotaxis, d. h., sie führen der Anode zustrebende Bewegungen aus, wobei die Erregungen durch das Rückenmark geleitet werden.

Durch Ausschaltung von Hirnteilen sind wir über die Zentrenfunktionen gut unterrichtet. Das Vorderhirn scheint vor allem Hemmungszentren zu enthalten, nach deren Ausschaltung die Reflexerregbarkeit steigt. Im Zwischenhirn liegen wichtige Bahnabschnitte verschiedener Sinnesgebiete, vor allem der olfaktorischen und optischen. Das Mittelhirn enthält optische und stato-akustische Zentren, so daß seine einseitige Ausschaltung unsymmetrische Bewegungen und Stellungen zur Folge hat (Abb. 40). Das Kleinhirn dürfte hauptsächlich – namentlich bei kletternden Formen (*Hyla*) – Bewegungs-Koordinationszentrum sein. Im Nachhirn liegen viele Reflex- und Automatiezentren (Schnapp-, Quak-, Farbwechsel-, Atem-, Herzschlagzentren usw.), wodurch bedingt wird, daß ein Frosch, dem alle weiter vorn liegenden Hirnteile fehlen noch springen, gehen, schwimmen, schnappen und quaken kann. Besonders gut erforscht sind die Rückenmarksreflexe der Frösche; unter ihnen vor allem der „Wischreflex“: Wird einem aufgehängten hirnlosen Frosch („Rückenmarks- oder Reflexfrosch“) Essigsäure auf die rechte Rückenseite getupft, so wischt er mit dem rechten Hinterbein über die gereizte Stelle. Wird das rechte Bein festgehalten und wieder Säure aufgetupft, so wird jetzt mit dem linken Bein über die gereizte Stelle auf der rechten Rückenseite gewischt. Die Erregung geht also bei Blockierung eines Reflexbogens auf einen anderen über und die Beine können die Reizstelle recht genau lokalisieren. Präparate von Anuren, die nur aus den Vorderbeinen und einem Teil von Brust und Rücken bestehen, führen bei mechanischer Reizung der Brusthaut noch den „Klammerreflex“ (s. S. 92) aus. Zu den Rückenmarksreflexen scheinen auch die Erscheinungen der sog. „tierischen Hypnose“ zu gehören, die bei Lurchen beson-

Abb. 40. Stellung von *Rana temporaria* nach rechtsseitiger Mittelhirnexstirpation. (Nach Verworn.)

ders gut zu zeigen sind. Ein auf den Rücken gelegter Frosch, den man eine Zeitlang an der Lagekorrektur verhindert, bleibt in ihm künstlich erteilten Stellungen lange (eventuell einige Stunden) liegen. Ein ähnlicher akinetischer Zustand ist die sog. „Kahnstellung", die namentlich bei frisch gefangenen Unken durch Berührung und andere Reize meist leicht hervorzurufen ist. Dabei wird der Rücken konkav durchgebogen und die Gliedmaßen werden nach dorsal und außen gedreht (Abb. 41), so daß ihre grellfarbigen Unterseiten sichtbar sind. Bei manchen Urodelen ist entsprechendes zu beobachten (Abb. 42).

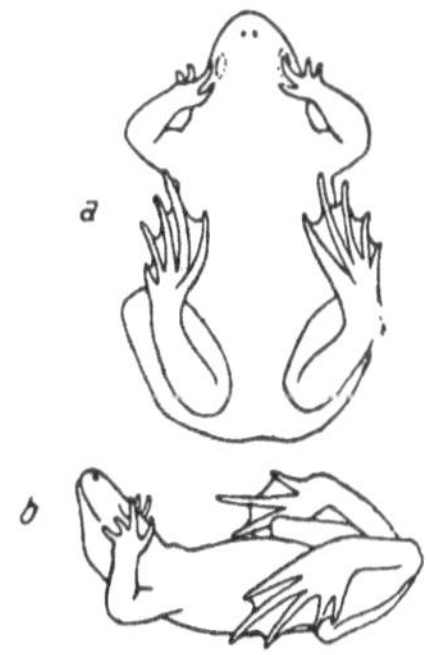

Abb. 41. „Kahnstellung" von *Bombina*. — (Aus Herter nach Gadow.)

Daß Amphibien dressurfähig sind, also Assoziationen bilden können, wurde schon bei der Besprechung der Sinnesphysiologie gezeigt. Der negative Ausfall von Dressurversuchen mit vorderhirnlosen Lurchen legt den Schluß nahe, daß die Assoziationsbildung im Vorderhirn erfolgt. Es ist jedoch noch nicht entschieden, ob Assoziationszentren auch im Zwischen- oder Mittelhirn (wie bei Fischen) liegen können.

Abb. 42. „Kahnstellung" von *Triturus torosus*. — (Aus Herter nach Main.)

4. DIE STOFFWECHSELORGANE

a) Das Ernährungssystem

Alle Amphibien ernähren sich von geformten Stoffen, die sie durch die Mundöffnung aufnehmen und im Darm verdauen und resorbieren. Osmotische Nahrungsaufnahme durch die äußere Haut, die bei Larven vermutet wurde, scheint nicht vorzukommen. Wasser wird nicht durch Trinken, sondern, außer mit der Nahrung, durch die Haut aufgenommen, bei vielen Formen in sehr reichlichem Maße.

Der Darm läßt sich stets in Mundhöhle, Speiseröhre (Ösophagus), Magen, Mittel- oder Dünndarm und Enddarm gliedern (Abb. 43) und mündet in die Kloake. Die Mundöffnung ist bei den erwachsenen Lurchen meist groß. Die bei den *Aglossa (Pipidae)* fehlende Zunge ist bei vielen Arten ganz oder zum größten Teil auf dem Mundboden festgewachsen. Vorn und seitlich hat sie oft freie Ränder. Bei den Wasserurodelen spielt sie für die Erlangung der Nahrung keine Rolle. Diese wird mit den Kiefern ergriffen oder durch „Saugschnappen" erbeutet. Dabei wird durch plötzliches Aufreißen des Maules und gleichzeitiges schnelles Senken des Mundbodens ein Sog erzeugt, der den Nahrungskörper in das Maul befördert. Die Zunge tritt erst beim Schluckakt in Tätigkeit. Bei Gymnophionen, den meisten Landurodelen und vielen Anuren (z. B. Discoglossiden) ist die scheibenförmige Zunge klebrig und hilft die mit den Kiefern ergriffene Beute festzuhalten und nach hinten zu befördern. Einige Landurodelen, die sich hauptsächlich von kleinen beweglichen Tieren ernähren (vor allem *Hydromantes)*, haben eine Schleuderzunge, die aus einem scheibenförmigen klebrigen Körper besteht,

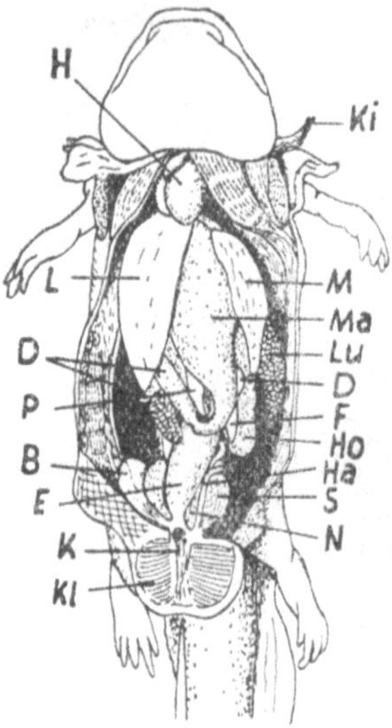

Abb. 43. Eingeweide von *Ambystoma* (Larve). — *B* Harnblase, *D* Dünndarm, *E* Enddarm, *F* Fettkörper, *H* Herz, *Ha* Harnleiter, *Ho* Hoden, *K* Kloake, *Ki* Kiemen, *Kl* Kloakenlippen, *L* Leber, *Lu* Lunge, *M* Milz, *Ma* Magen, *N* Niere, *P* Pankreas, *S* Samenblase. (Nach Versluys.)

der durch einen muskulösen, sehr kontraktilen Stiel weit aus dem geöffneten Maul außerordentlich schnell vorgestreckt wird und die Beute anleimt (Abb. 44). Das mit besonderen Muskeln ausgestattete Zungenbein erstreckt sich sehr weit nach hinten (c). Eine andere Einrichtung zum Fang schnell beweglicher kleiner Beutetiere ist die Klappzunge, die sich bei einigen Landurodelen und vielen Anuren (besonders bei *Rana)* findet. Die bei eini-

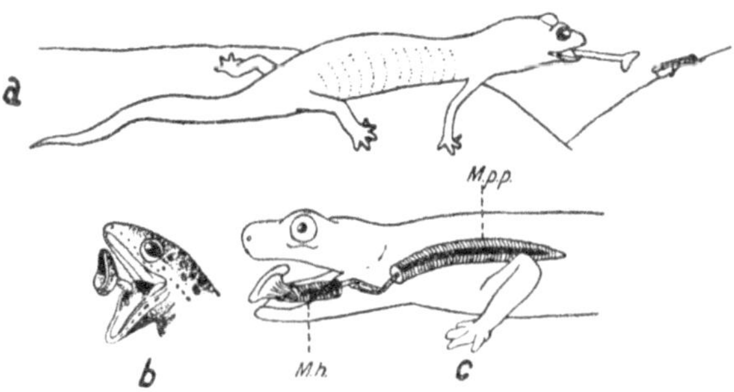

Abb. 44. Die Schleuderzunge von *Hydromantes genei*. — *M.h.* M. hypoglossus, *M.p.p.* M. protractor proprius. (Nach verschiedenen Autoren.)

gen Arten (z.B. *Rana)* hinten in 2 Zipfel ausgezogene Zunge ist vorn am Unterkiefer befestigt. Sie wird durch ihre Eigenmuskulatur nach vorn durch die geöffnete Mundspalte ausgeklappt, wobei ihr Rücken am Gaumen entlangstreift und mit klebrigem Sekret — besonders aus den Zwischenkieferdrüsen — bestrichen wird (Abb. 45_2), von oben auf die Beute schlägt (3), sie festklebt und durch Einrollung umgreift (4). Dann wird die Zunge mit der Beute in das Maul zurückgerollt (5). Größere Beute ergreifen auch die Formen mit Schleuder- oder Klappzungen mit den Kiefern, z.T. unter Zuhilfenahme der Vorderextremitäten.

Die Gymnophionen und Urodelen, sowie die erwachsenen Anuren sind Schlinger, die sich meist von lebenden Tieren ernähren. Die Zähne, die oft auch ganz fehlen, dienen daher nicht dem Zerkleinern der Nahrung, sondern zum Festhalten und zum Transport nach hinten. Es sind relativ kleine, ziemlich gleichartig gebildete spitze Kegel, deren Kronen auf breiteren Sockeln sitzen, die mit den Schädelknochen verwachsen sind (Abb. 46) und im Inneren eine nach unten offene Pulpahöhle haben. Sie werden nach Verlust dauernd ersetzt. Bei der Blindwühle *Caecilia pachynema* stehen im Unterkiefer sehr große Zähne, bei dem Salamander *Autodax* wenige große messerartige in beiden Kiefern, und bei dem Raniden *Dimorphognathus* hat das Männchen lange Oberkieferzähne und im Unterkiefer vorn jederseits einen großen Fangzahn. Die Verteilung der Zähne auf den Kieferknochen wurde schon erwähnt (S. 20). Ihre Anordnung kann systematisch von Bedeutung sein. Die Mundhöhlendrüsen produzieren keine Verdauungsfermente, sondern Schleim zum Ankleben und Schlüpfrigmachen der Beute. Es gibt viele kleine, besonders in der Zunge, und einige größere, wie die Glandula intermaxillaris und die neben den Choanen liegende Rachendrüse der Anuren. Das Mundhöhlendach ist (bei *Rana*) mit Flimmerepithel bekleidet, durch das der Schleim in den Ösophagus befördert wird.

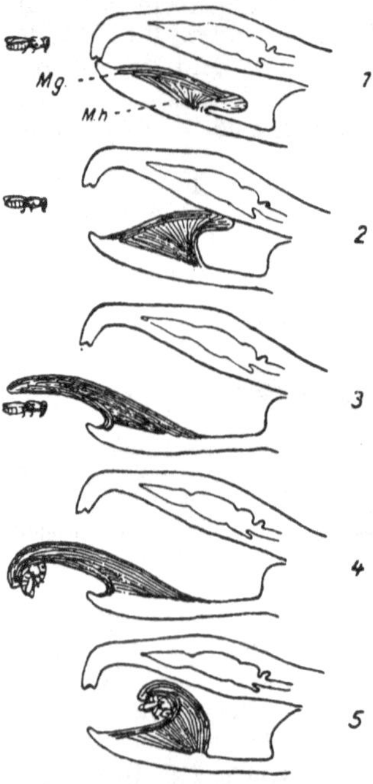

Abb. 45. Zungenbewegungen von *Rana* beim Beutefang. — *M. g.* M. genioglossus, *M.h.* M. hyoglossus, (Nach Herter.)

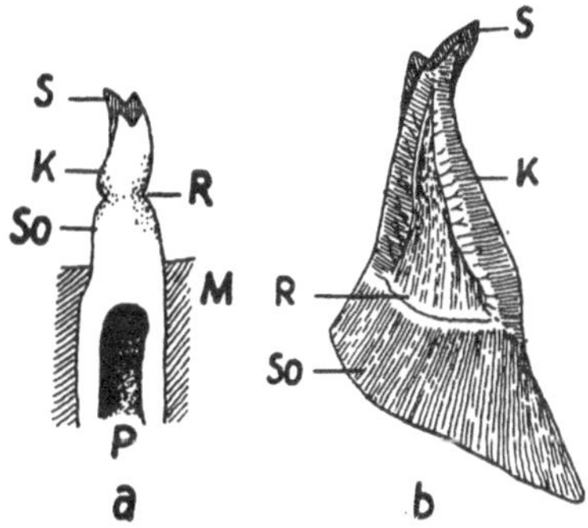

Abb. 46. Amphibienzähne.—a) *Rana*, b) *Salamandra atra*. *K* Zahnkrone, *M* Maxilla, *P* Pulpahöhle, *R* Ringfurche, *S* Zahnspitze (vom Schmelz überzogen), *So* Zahnsockel. (Nach Wiedersheim.)

Die meisten erwachsenen Amphibien und die Urodelenlarven fressen sehr verschiedene lebende Tiere, die sie in der Regel optisch an ihren Bewegungen erkennen und in den oben geschilderten Weisen—manche Anuren durch wohlgezielte Sprünge—ergreifen. In der Hauptsache werden kleine Tiere (Insekten, Spinnen, Schnecken, Würmer u.a.) erbeutet, jedoch fressen einige große Formen auch relativ große Wirbeltiere und auch kleinere Artgenossen. Größere Gymnophionen verschlingen Schlangen, die Pelobatide *Leptobrachium carinensis* soll von Mäusen und Ratten leben, die durch besonders große Mäuler ausgezeichneten Hornfrösche *(Ceratophrys)* fressen ebenfalls kleine Nager und auch kleine Vögel. Von dem amerikanischen Ochsenfrosch *(Rana catesbeiana)* werden gelegentlich Enten- und Hühnerküken, und selbst von unseren großen Wasserfröschen *(Rana esculenta* und *ridibunda)* junge Singvögel erbeutet. Ernährungsspezialisten, die hauptsächlich Termiten oder Ameisen fressen, scheinen manche Apoden und einige Anuren zu sein (z.B. *Rhinophrynus*, *Breviceps*, *Kaloula)*.

Die Anurenlarven sind omnivore Partikelfresser mit einem Mundbau, der sehr von dem der anderen Amphibien abweicht. Die meisten haben ziemlich kleine Mundöffnungen, die von oberen und unteren scharfen Hornkiefern umgeben werden. Unter und über den Kiefern stehen auf einem von Papillen umgrenzten Mundfeld Querreihen von kleinen Hornzähnchen (Lippenzähnen), deren Anzahl und Anordnung für die Artenunterscheidung wichtig ist (Abb. 47). Mit Kiefern und Lippenzähnen raspeln die Kaulquappen kleine Teile von Pflanzen und Tierleichen ab oder weiden den Belag von Algen, Diatomeen, Protozoen u. dgl. von Pflanzen, Steinen usw. Außerdem seihen sie mit Hilfe eines komplizierten Reusenapparates an den Kiemenbögen aus dem durch die Mundhöhle geleiteten Atemwasser (s. S. 63) Bakterien und andere sehr kleine organische Nahrungspartikel aus. Eine besondere Art der Mundbildung und Nahrungsaufnahme haben die Larven von *Microhyla*. Die Unterlippe ist als ein retraktiler Trichter mit leistenförmigen Papillen ausgebildet und wird von der in einem Winkel von etwa 20° im Wasser „stehenden" Larve von unten an das Oberflächenhäutchen des Wassers

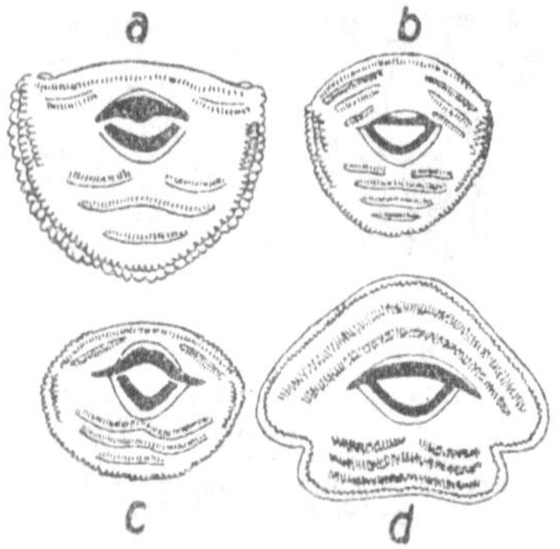

Abb. 47. Mundfelder von Anurenlarven. — a) *Rana esculenta*, b) *R. temporaria*, c) *Hyla arborea*, d) *Bombina bombina*. (Nach Werner.)

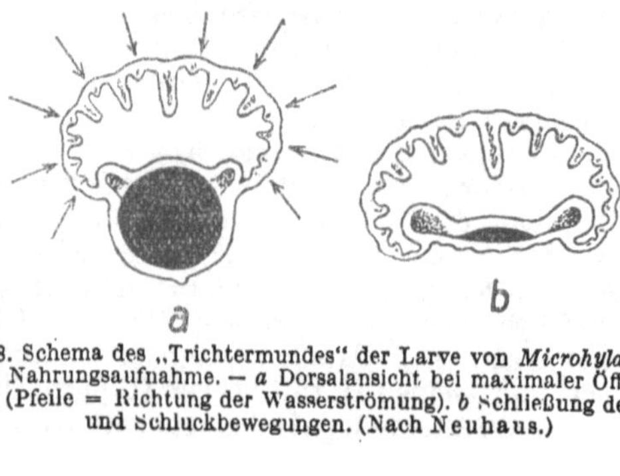

Abb. 48. Schema des „Trichtermundes" der Larve von *Microhyla achatina* bei der Nahrungsaufnahme. — *a* Dorsalansicht bei maximaler Öffnung der Lippen (Pfeile = Richtung der Wasserströmung). *b* Schließung der Lippen und Schluckbewegungen. (Nach Neuhaus.)

angelegt und ausgedehnt, wobei der Mund geöffnet wird (Abb. 48a). Dadurch entstehen Oberflächenströme, die den organischen Detritus der Umgebung dem Mundapparat zuführen. Ab und zu wird die Unterlippe kontrahiert, die Lippenöffnung geschlossen und die Nahrung eingeschluckt (b). Die Larven von *Xenopus* sind reine Planktonfresser. Sie schweben mit dem Kopf nach unten im Wasser (s. Abb. 19) und schlucken durch rhythmisches Öffnen und Schließen des sehr breiten unbewaffneten Maules das Wasser mit den Planktonten, die mit Hilfe einer Wimpergrube im Schlunde in den Darm befördert werden, während das filtrierte Wasser durch die „Kiemenöffnungen" ausgestoßen wird.

Die bei Anuren nur sehr kurze Speiseröhre ist im allgemeinen sehr weit und mit Flimmerepithel ausgekleidet. In der Wand liegen zahlreiche einzellige Schleimdrüsen und — wenigstens bei *Rana* — große zusammengesetzte tubulöse Drüsen, die auch Pepsinogen produzieren, das jedoch im Ösophagus nicht zum aktiven Pepsin wird, da in ihm alkalische Reaktion herrscht. Es wird mit dem geschluckten Bissen in den Magen befördert. Der Magen ist bei Gymniophonen und einigen Urodelen schlauchförmig, bei gedrungen gebauten Formen sackartig. Er liegt etwas links und biegt mit dem Pylorusteil nach rechts (Abb. 43). Die Drüsen der Magenwand geben außer Pepsinogen Salzsäure ab. Die Hauptteiweißverdauung findet im Pylorusteil statt, in dem allein saure Reaktion herrscht und das Pepsinogen zu dem wirksamen Pepsin aktiviert wird. Im Pylorus liegt ein Ringmuskel, hinter dem der Mitteldarm beginnt. Er zieht bei sehr langgestreckten Formen (Gymnophionen, *Proteus*) gerade durch die Leibeshöhle, während er bei anderen mehr oder weniger in Schlingen gelegt ist. In seinen geraden Anfangsteil, das Duodenum, mün-

Abb. 49. Aufgeschnittenes Duodenumstück von *Rana*. — (Nach Gaupp.)

den die Ausfuhrgänge der Leber und der Bauchspeicheldrüse (Pankreas), die beide gut ausgebildet sind. Die Leber ist bei den Anuren mehrlappig und breit, bei den Urodelen länglich und weniger gegliedert und bei den Gymnophionen langgestreckt und z. T. in zahlreiche Läppchen geteilt. Eine Gallenblase ist stets vorhanden.

Abb. 50. Zurückbildung der Darmspirale während der Metamorphose bei *Alytes obstetricans*. — (Nach Biedermann.)

Bei den Anuren vereinigen sich ihre Gänge[1]) mit den Lebergängen[2]) zum Ductus choledochus, der das Pankreas durchbohrt, dessen Gänge[3]) aufnimmt und in das Duodenum mündet. Bei den Urodelen münden Pankreasgänge auch selbständig in den Zwölffingerdarm. Die Dünndarmschleimhaut hat bei den meisten Amphibien Zotten wie bei anderen Wirbeltieren. Bei *Rana* werden sie jedoch durch Querfalten — Zottenblätter oder Zotten-

[1]) Ductus cystici. [2]) Ductus hepatici. [3]) Ductus pancreatici.

leisten – ersetzt (Abb. 49), die die Rückstauung des Darminhaltes verhindern. Im Mitteldarm werden Eiweiße (durch Trypsin aus dem Pankreas und Erepsin aus der Darmwand), Fette (durch Pankreaslipase) und Kohlehydrate (durch Pankreasamylase und -maltase) verdaut. Er ist auch Hauptresorptionsort. In der Leber wird die die Fettverdauung unterstützende Galle produziert und Glykogen abgelagert. Fett wird vor allem in den für die Amphibien so charakteristischen Fettkörpern (s. S. 82), die in der Nähe der Gonaden liegen, gespeichert. Bei den omnivoren Anurenlarven ist der Mitteldarm sehr lang und in Spiralen gelegt (Abb. 50). Seine Länge kann sich nach der Art der Nahrung ändern. Bei reiner Pflanzenkost ist er viel länger als bei animalischer Ernährung. Der weite, bei Urodelen relativ lange Enddarm (Rectum) ist meist durch eine Falte deutlich vom Mitteldarm abgesetzt. Hier bildet er manchmal eine kleine Ausbuchtung, jedoch keinen eigentlichen Blinddarm. Er mündet in die Kloake. Der Kot wird bei den erwachsenen Amphibien in wurstförmigen Ballen, die von einer zarten, vom Darmepithel abgeschiedenen Hülle umgeben sind, abgelegt. Bei Anurenlarven wird er in Form eines kontinuierlichen Fadens ausgeschieden. Die meisten Lurche sind in der Lage, sehr lange (oft mehrere Monate) zu hungern.

b) Das Atmungssystem

Die Atemeinrichtungen sind bei den Amphibien so mannigfaltig wie bei keiner anderen Wirbeltiergruppe, was hauptsächlich durch den Wechsel zwischen Wasser- und Landleben und die zarte und feuchte Hautbeschaffenheit bedingt wird. Es gibt 4 Atemmechanismen, die getrennt oder gemeinsam funktionieren können: Haut-, Kehl-, Kiemen- und Lungenatmung. Hautatmung wird dadurch in weitgehendem Maße ermöglicht, daß bei den meisten Formen ein starkes, von der Lungenarterie abzweigendes Gefäß[1]), die verbrauchtes Blut führt, zur

[1]) Arteria cutanea.

Haut zieht, in deren zartem und feuchtem Epithel sie sich in reiche Kapillarnetze auflöst. Hier kann sowohl in der Luft als auch im Wasser ein ausgedehnter Gaswechsel stattfinden. Das arterielle Blut fließt durch die Vena cutanea wieder zum Herzen (s. S. 72 und Abb. 57). Der Kehl- oder Mundrachenhöhlen-Atmung dienen Kapillarsysteme in der Schleimhaut der Mund- und Rachenhöhle, durch die die Atemgase der Luft oder des Wassers mit dem Blut ausgetauscht werden. Die Organe der Kiemenatmung sind die nur im Wasser funktionierenden Kiemen. Urodelenlarven, erwachsene Proteiden und *Meantes* (Perennibranchiaten), sowie junge Anurenlarven haben äußere Kiemen, meist 3 Paar verästelte, frei vom Kopf abstehende, stark durchblutete zarthäutige Anhänge (Abb. 51), hinter denen die Kiemenspalten eine Verbindung zwischen der Mundhöhle und der Außenwelt bilden. Bei älteren Anurenlarven werden sie rückgebildet und durch innere Kiemen ersetzt, die von einer Hautfalte (Operkularfalte) überwachsen werden, so daß sie in einer Kiemenhöhle liegen, die nur durch eine kleine Öffnung (Spiraculum) mit der Außenwelt in Verbindung steht. Dies Atemloch liegt bei den Discoglossiden medial auf der Bauchseite, bei den übrigen Anuren meist links (Abb. 51e). Die sehr stark aufgeteilten inneren Kiemen sitzen an den Kiemenbögen und ragen in die Kiemenhöhle. Die zwischen ihnen die Rachen- mit der Kiemenhöhle verbindenden Kiemenspalten werden durch reich gefältelte innere Filterfortsätze eingeengt, durch die im Wasser suspendierte kleine Körper, die die Kiemen verschmutzen würden und die zur Nahrung dienen

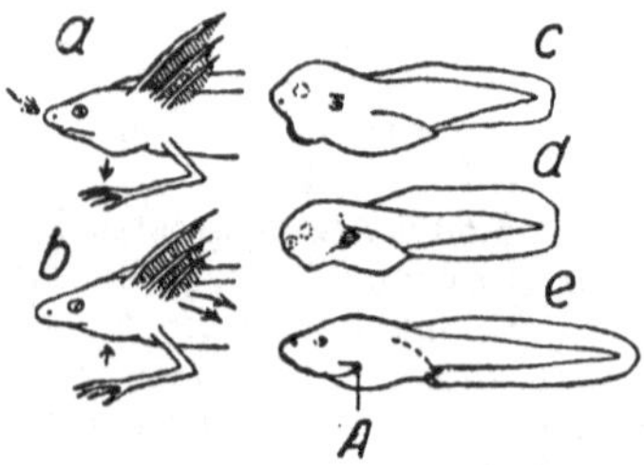

Abb. 51. Kiemen von Amphibienlarven. — a), b) *Triturus*, c)—e) *Bufo bufo* *A* Atemloch. (Nach Herter).

können (s. S. 58), festgehalten werden. Die älteren Larven von *Xenopus*, die durch die Haut und die Lungen atmen, haben keine Kiemen, jedoch die Filtereinrichtungen und ein rechtes und ein linkes „Kiemenloch“ (s. S. 59). Im Dienste der Lungenatmung stehen die Lungen, die nur zur Luftatmung geeignet sind. Es läßt sich eine morphologische Reihe aufstellen, die von der unilobulären Lunge von *Proteus*, einem glattwandigen, mit respiratorischem

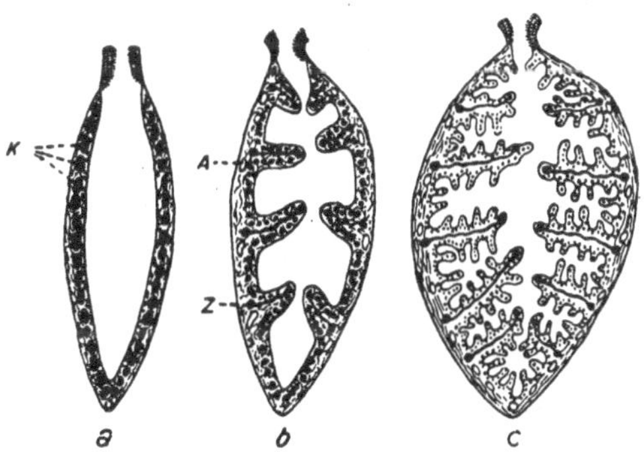

Abb. 52. Schematische Längsschnitte durch Amphibienlungen. — a) *Proteus*, b) *Siren*, c) *Rana*. *A* ableitendes Gefäß, *K* Kapillaren, *Z* zuleitendes Gefäß. (Nach Wiedersheim.)

Epithel ausgekleideten Sack (Abb. 52a), über die von *Siren* (b), die in das Lumen vorspringende oberflächenvergrößernde Leisten hat (lobulinäre Lunge), zu der einfach-lobulären von *Rana* (c) führt. Bei ihr ist durch sekundäre Faltenbildung ein kompliziertes Hohlraumsystem mit einer sehr großen respiratorischen Oberfläche entstanden.

Entsprechend den vierfachen Atemeinrichtungen, die in verschiedener Weise kombiniert sein können, sind die physiologischen Verhältnisse der Amphibienatmung recht verwickelt. Besondere Bedeutung kommt der Haut- und Kehlatmung zu. Die meisten ganz jungen Larven dürften nur durch die Haut und die Kiemen atmen. Bei Urodelenlarven wird dann bald mit der Ausbildung der Mundhöhle die Kehlatmung einsetzen. Sowohl bei Urodelen- als auch bei Anurenlarven entwickeln sich noch während des Wasserlebens die Lungen, mit denen die älteren zusätzlich von der Oberfläche atmosphärische Luft aufnehmen. Hautatmung findet bei den Larven vorzugsweise durch die stark kapillar durchbluteten und oft sehr ausgedehnten Schwanzflossen statt. Bei der Metamorphose verschwinden die Kiemen. Auch bei den meisten Landformen – vielleicht mit Ausnahme einiger relativ derbhäutiger Anuren (z.B. *Bufo)* – scheinen die Haut- und Kehlatmung die wichtigsten Atemmechanismen zu sein. Das geht unter anderem daraus hervor, daß künstlich der Lungen beraubte Frösche *(Rana)* lange am Leben bleiben. Heute wissen wir, daß bei Fröschen *(Rana temporaria)* die Haut hauptsächlich Kohlensäure abgibt und die Sauerstoffaufnahme besonders durch die Lungen erfolgt, und daß während der Winterruhe im sehr sauerstoffarmen Schlamm der ganze Gaswechsel fast ausschließlich durch die Haut bestritten wird. In der Laichzeit (März) ist die Lungenatmung und die CO_2-Abgabe durch die Haut besonders groß. Die geringe Bedeutung der Lungen für die Atmung kommt namentlich bei manchen Urodelen zum Ausdruck, bei denen diese Organe weitgehend rückgebildet sind (z.B. *Salamandrina*, *Ambystoma opacum)* oder ganz fehlen. Lungenlos sind die *Plethodontinae*, Landsalamander ohne Kiemen, die nur auf Haut- und besonders Kehlatmung angewiesen sind, womit Besonderheiten im Blutgefäßsystem zusammenhängen. Bei Wasserurodelen scheinen die Lungen z.T. mehr als hydrostatische Organe für das „Schweben" im Wasser (s. S. 26/27) als für die Atmung Bedeutung zu haben. Bei den Blindwühlen ist eine Lunge reduziert, und die Haut, die namentlich bei im Wasser lebenden *Thyphlonectes*arten stark durchblutet ist, scheint die Hauptrolle bei der Atmung zu spielen. Während der Kehlatmung sind die Nasenlöcher geöffnet und der Kehlkopf ist geschlossen. Durch schnelle Schwingungen des Mundbodens (Kehloszillationen) wird die Mundhöhle rhythmisch erweitert und verengt und Luft (oder Wasser) abwechselnd durch die Nasenlöcher ein- und ausgestoßen (Abb. $53_{1,2}$). Beim Durchgang durch die Nasenhöhlen wird das Atemmedium auch geruchlich geprüft (s. S. 41). Bei der Lungenatmung schließen sich die Nasenlöcher, der Kehlkopf wird geöffnet und der Mundboden gesenkt. Durch die Elastizität der Lungenwände und den Druck der übrigen Eingeweide wird die verbrauchte Lungenluft in die Mundhöhle gepreßt (3), wo sie sich mit der durch Kehlatmung erneuerten Luft mischt. Dann wird bei geschlossenen Nasenlöchern dieses Gemisch durch Mundbodenhebung in die Lungen gepumpt (4). Jetzt schließt sich der Kehlkopf, und die Kehloszillationen setzen wieder bei geöffneten Nasenlöchern ein (5). Beim Aufenthalt unter Wasser kann längere Zeit aus dem in den Lungen mitgenommenen Luftvorrat (Vorratslungen), der ab und zu durch „Luftschnappen" an der Wasseroberfläche erneuert wird, geatmet werden. Die Wassererneuerung an den äußeren Kiemen geschieht bei den Anurenlarven durch Flimmerschlag des Kiemenepithels. Bei Urodelen führen die Kiemen selbst auch schlagende Bewegungen aus, und es wird durch Senkung des Mundbodens durch die Nasenlöcher Wasser in die Mundhöhle gesogen, das nach Schluß der Nasenlöcher durch die Kiemenspalten ausgetrieben wird (Abb. 51a, b). Entsprechend werden die inneren Kiemen der Anurenlarven mit Frischwasser versorgt. Die Größe der äußeren Kiemen kann sich dem Sauerstoffgehalt des Wassers anpassen. In O_2-armem Wasser entwickeln sich

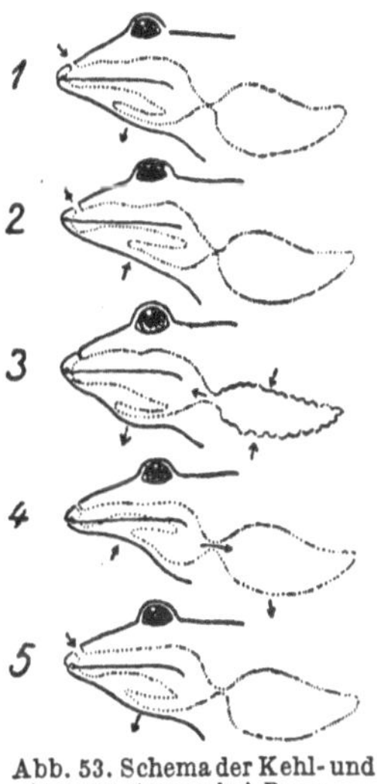

Abb. 53. Schema der Kehl- und Lungenatmung bei *Rana*. — (Nach Herter.)

die Kiemen von Urodelenlarven viel mächtiger als in O_2-reichem. Die nervöse Regulierung der komplizierten Atemmechanismen der Lurche erfolgt von Zentren aus, die in der Medulla oblongata und im Mittelhirn liegen.

Ein großer Teil der mit Lungen ausgestatteten Amphibien produziert mit Hilfe dieses Atemapparates Töne, hat also eine Stimme. Sie wird in der Regel dadurch erzeugt,

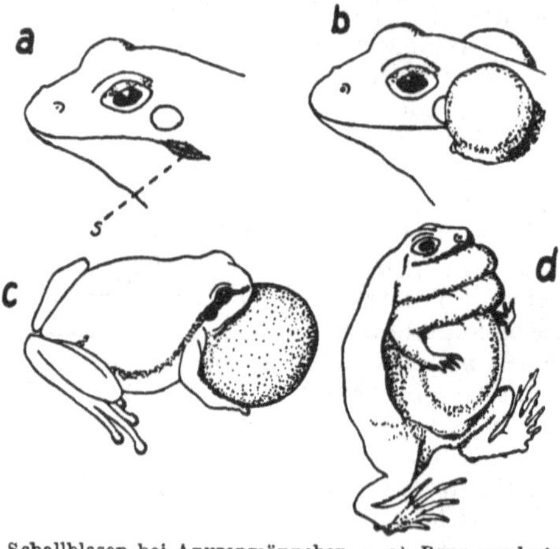

Abb. 54. Schallblasen bei Anurenmännchen. — a) *Rana esculenta* mit eingestülpten Schallblasen (*S* Schallblasenschlitz), b) *R. escul.* quakend, c) *Hyla arborea* quakend, d) *Paludicola fuscomaculata* quakend. (a, b, d nach Gadow, c nach Rösel von Rosenhof.)

daß bei geschlossenem Maul und geschlossenen Nasenlöchern Luft aus der Lunge in die Mundhöhle und wieder zurück gepreßt wird, wodurch die im Kehlkopf (s. S. 20) die Stimmritze begrenzenden Stimmbänder in Schwingungen versetzt werden. Während die Lautäußerungen der Urodelen nur sehr unbedeutend sind, haben einige Anurenmännchen gewaltige und sehr modulationsfähige Stimmen, die wohl in der Hauptsache zur Anlockung der Weibchen dienen. Die große Tonstärke wird durch Schallblasen erzielt, Hautsäcke, die während des Quakens durch Luftfüllung aufgebläht werden und als Resonatoren wirken. Bei unseren Wasserfröschen sind es paarige Schleimhautaussackungen der Mundhöhle, die durch schmale Schlitze an den Mundwinkeln ausgestülpt werden (Abb. 54a, b). *Hyla arborea* hat eine mediane Schallblase, die sich beim Quaken als mächtige Kugel am Kehlboden vorwölbt (Abb. 54c). Die Ausbildung und Größe der Schallblasen ist artlich sehr verschieden und kann bei manchen Formen sehr eigenartige Erscheinungen hervorrufen (Abb. 54d). Auch die Mannigfaltigkeit der erzeugten Töne ist sehr groß. Bemerkenswert sind die großen Lautstärken der Stimmen einiger Frösche, wie die unserer Wasserfrösche, des Laubfrosches und vor allem der amerikanischen Ochsenfrösche (*Rana catesbeiana*).

c) Das Kreislaufsystem

Der Blutkreislauf der Amphibien zeigt dadurch besonders verwickelte und interessante Verhältnisse, daß er durch den Übergang von der Wasser- zur Luftatmung bei den meisten Formen im Laufe der individuellen Entwicklung morphologisch und physiologisch tiefgreifende Umformungen durchmacht und daß die verschiedenen Atmungsarten mannigfaltige artliche Besonderheiten bedingen. Bei den mit Kiemen atmenden Larven (und mit unwesentlichen Abweichungen bei den Perennibranchiaten) sind die Verhältnisse ähnlich wie bei den Fischen. Ein grundsätzlicher Unterschied ist, daß das ebenfalls sehr weit vorn liegende und reduziertes Blut führende Herz dreikammerig ist. Es besteht aus 1 Kammer (Ventrikel) und 2 Vorkammern (Atrien). Von dem aus der Kammer nach vorn austretenden Arterienstamm (Truncus [Bulbus] arteriosus) gehen 4 Arterienbögen aus, von denen die 3 ersten (1.–3. Kiemenarterie) zu den Kiemen ziehen, in denen sie Kapillarnetze bilden, in denen das Blut arteriell wird (Abb. 55a). Die Kapillaren vereinigen sich dann zu den 3 Kiemenvenen (I–III), die jedoch mit den Kiemenarterien durch Anastomosen verbunden sind und daher nicht rein arterielles Blut führen. Die 1. Kiemenvene gibt die Carotis interna und externa ab, die den Kopf versorgen, während die 2. und 3. gemeinsam mit einem Zweig der 1. die Aortenwurzeln bilden. Die rechte Aortenwurzel verschmilzt mit der linken dorsal vom

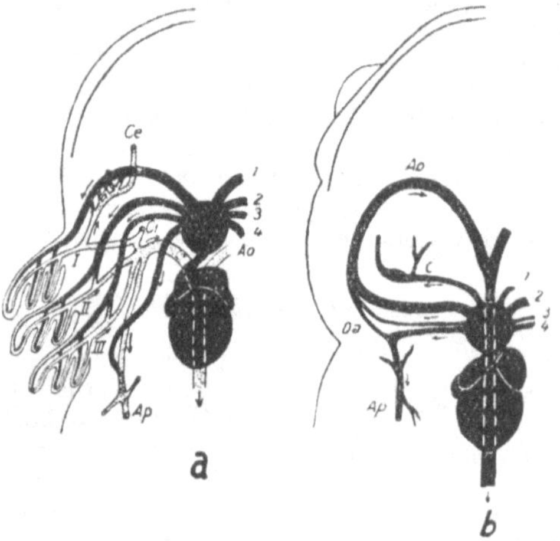

Abb. 55. Herzarterien und Kiemenvenen von *Salamandra salamandra*. a) Larve, b) verwandeltes Tier. Schwarz: gemischt-reduziertes Blut, Weiß: arterielles Blut, punktiert: gemischt-arterielles Blut. Pfeile = Strömungsrichtung. *1*–*4* Arterienbögen, *I*–*III* Kiemenvenen, *Ao* Aortenwurzel, *Ap* Arteria pulmonalis, *C* Carotis, *Ce* Carotis externa, *Ci* Carotis interna, *Da* Ductus arteriosus (botalli). (Nach Herter.)

Herzen zur Aorta descendens, die nach hinten zieht und Äste zu den verschiedenen Körperteilen und -organen abgibt. Der 4. Arterienbogen geht zur Lungenarterie (Arteria pulmonalis), die von der 3. Kiemenvene abzweigt. Die (zunächst noch nicht funktionierende) Lunge erhält so mehr arterielles als venöses Blut. Bei der **Metamorphose** werden die Kiemen zurückgebildet und die Gefäßverhältnisse verändern sich grundlegend (Abb. 55b): Der 1. Arterienbogen wird zu den Carotiden, der 2., der sich bedeutend verstärkt, zur Aortenwurzel, der 3. wird stark reduziert (z.B. bei *Salamandra)* oder verschwindet ganz (z.B. bei *Triturus* und den Anuren), und der 4. bildet die Wurzel der Arteria pulmonalis. Seine Verbindung mit dem 3. und 2. bleibt bei den Urodelen als schwacher Ductus arteriosus[1]) bestehen und verschwindet bei den Anuren. Das Herz der Gymnophionen liegt viel weiter hinten als bei anderen Lurchen, und die Arterienbögen sind viel länger als bei diesen.

Das Herz der erwachsenen *Rana* ist eines der wichtigsten Objekte der vergleichenden Herzphysiologie, an dem die verwickelten Gesetzmäßigkeiten der Funktion der Wirbeltierherzen so eingehend wie bei keinem anderen Tier experimentell erforscht wurden, vor allem, weil es in einem geeigneten Medium (z.B. 0,6%iger NaCl-Lösung oder *Ringer-Lockescher Lösung)* lange Zeit isoliert am Leben erhalten werden kann. Das rechte und das linke Atrium werden durch eine Scheidewand (Septum atriorum) voneinander getrennt, die die Öffnung zwischen den Vorkammern und dem Ventrikel etwa halbiert (Abb. 56). Diese Öffnung ist durch 4 Klappen (Valvulae atrioventriculares) verschließbar. In das linke Atrium mündet die Vena pulmonalis, die arterielles Lungenblut führt, und in das rechte der Sinus venosus, ein muskulöser Vorraum, in dem sich das in der Hauptsache venöse Blut aus den Körpervenen sammelt. Der normale Rhythmus ist: Systole (Kontraktion) des Sinus venosus – Pause – gleichzeitige Systole der Atrien – Pause – Systole des Ventrikels. Dazwischen erfolgt Diastole (Ausdehnung) der einzelnen Herzteile. Das Schema der Abb. 56 beginnt (a) mit der Systole der Vorkammern und gleichzeitiger Diastole der Kammer, wobei das arterielle Blut des linken Atriums und das venöse des rechten in den Ventrikel gepumpt wird. Es folgt die Vorkammerdiastole, die neues arterielles Blut in das linke und venöses in das rechte Atrium saugt, während durch Kammersystole bei geschlossenen Valvulae atrioventriculares das Ventrikelblut durch das

[1]) = botalli.

a

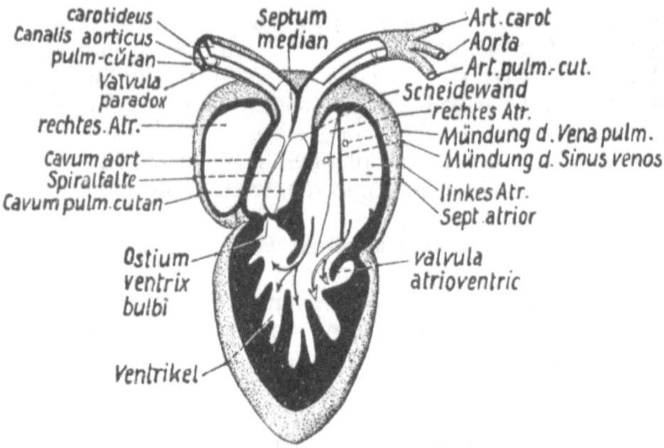

Abb. 56. Schema der Blutbewegung im Herzen von *Rana*. — Herz von ventral und durch Längsschnitt geöffnet. Schnittflächen schwarz. Erklärung im Text. (Nach Herter.)

mit 3 Taschenklappen ausgestattete Ostium ventriculare bulbi in den Bulbus (Truncus) gepreßt wird (b). Die Kammerwand hat zahlreiche muskulöse Fortsätze, die das Innere des Ventrikels in Nischen teilen, die nach der klassischen Theorie über die Blutbewegungen in Amphibienherzen zunächst das arterielle Blut in der linken und das venöse in der rechten Hälfte festhalten, wodurch sich die beiden Blutarten nur wenig mischen. Die Kammersystole beginnt an der rechten Seite, so daß zuerst das vorwiegend venöse und dann erst das arterielle Blut in den Truncus getrieben wird (c). Bei der darauf folgenden Diastole der Kammer und Systole der Vorkammern schließen sich die Taschenklappen des Ostium ventriculare bulbi, die Valvulae atrio-ventriculares öffnen sich und die Kammer füllt sich wieder (d). Im Truncus und den von ihm abzweigenden Arterienstämmen sind Septen, Falten, Scheidewände und Klappen so angeordnet und werden so rhythmisch geöffnet oder geschlossen, daß das am stärk-

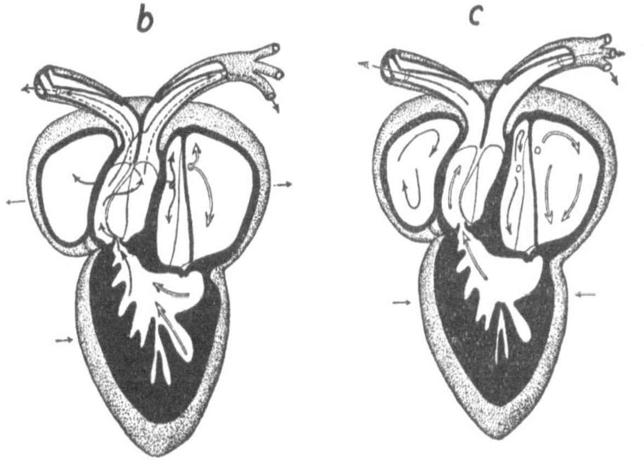

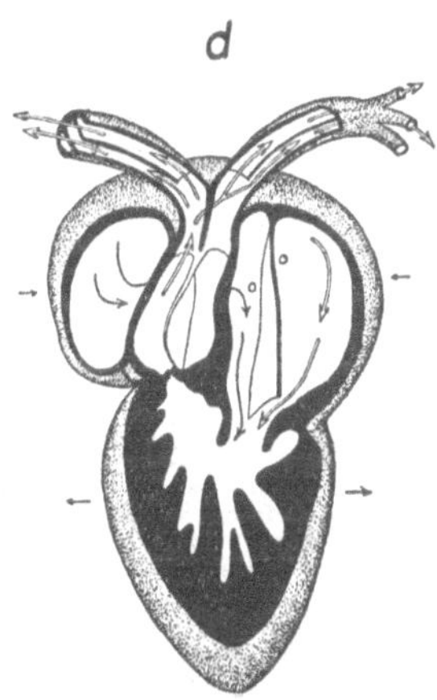

sten venöse Blut in die Arteria pulmonalis, das mehr gemischte in die Aortenwurzeln und das am meisten arterielle in die Carotiden geleitet wird. Die Bezeichnungen und die Funktion dieser Einrichtungen sind aus dem Schema der Abb. 56 zu ersehen. Nach neuesten Untersuchungen mit radiographischen Methoden soll allerdings die Trennung von arteriellem und venösem Blut in den Herzen von *Rana* und *Bufo* — wenn überhaupt — in viel geringerem Maße stattfinden, als bisher angenommen wurde[1]). Die morphologischen und physio-

[1]) Siehe G. E. H. Foxon: Proc. Zool. Soc., London. 121, III. 1951.

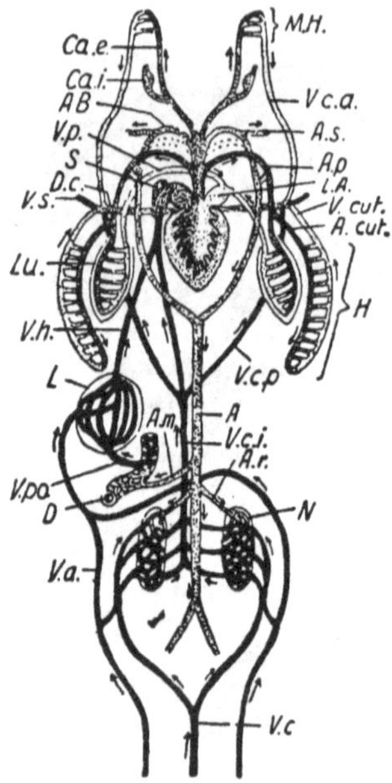

Abb. 57. Schema des Blutkreislaufes der erwachsenen Amphibien. Venöses Blut: schwarz, gemischtes Blut: punktiert. *A* Aorta, *AB* Aortenbogen, *A. cut.* Arteria cutanea, *A. m.* Arteria, mesenterica, *A. p.* Arteria pulmonalis, *A. r.* Arteria renalis, *A s.* Arteria subclavia, *Ca.e.* Carotis externa, *Ca. i.* Carotis interna, *D* Darm, *D.c.* Ductus cuvieri, *H* Haut, *L* Leber, *Lu* Lunge, *L.A.* Linkes Atrium, *M.H.* Mundhöhle, *N* Niere, *S* Sinus venosus, *V. a.* Vena abdominalis, *V. c.* Vena caudalis, *V. c. a.* Vena cardinalis anterior, *V. c. i.* Vena cava inferior, *V. cut.* Vena cutanea, *V. c. p.* Vena cardinalis posterior, *V. h.* Vena hepatica, *V. p.* Vena pulmonalis, *V. po.* Vena portae, *V. s.* Vena subclavia. (Nach Herter.)

logischen Verhältnisse können bei anderen Amphibien mehr oder weniger von den für *Rana* geschilderten abweichen. Am meisten wohl bei den lungenlosen Salamandern, bei denen die Vena pulmonalis fehlt und die Atrien nicht voneinander getrennt sind.

Das Herz der Amphibien ist – wie das aller Wirbeltiere – ein automatisches Organ, das auch ohne Anstoß von außen schlägt. Das Automatiezentrum liegt im Sinus venosus. Die nervöse Regulierung des Herzschlages erfolgt durch den dem Sympathicus angehörenden Nervus accelerans (Erregung) und den Nervus vagus (Hemmung).

Über den peripheren Blutkreislauf gibt das Schema der Abb. 57 Auskunft. Bemerkenswert ist das von der Arteria pulmonalis abgehende Gefäßsystem (Arteria cutanea) für die Hautatmung (s. S. 61) und daß nur die Vena pulmonalis und Vena cutanea rein arterielles Blut führen. Ferner, daß ein stark aufgegliederter

Leber- und Nierenkreislauf vorhanden ist. An den Carotiden liegt ein eigenartiges Organ, die sog. Carotisdrüse, die vielleicht ein sekundäres Herz darstellt und das Blut in die Carotis externa und interna pumpt.

Charakteristisch für die Amphibien ist die gute und reichliche Ausbildung des Lymphkreislaufes, der bei den Anuren durch große Lymphsäcke unter der Haut ausgezeichnet ist (s. S. 13). In die artlich verschieden verlaufenden Lymphbahnen sind besondere Motoren, Lymph-

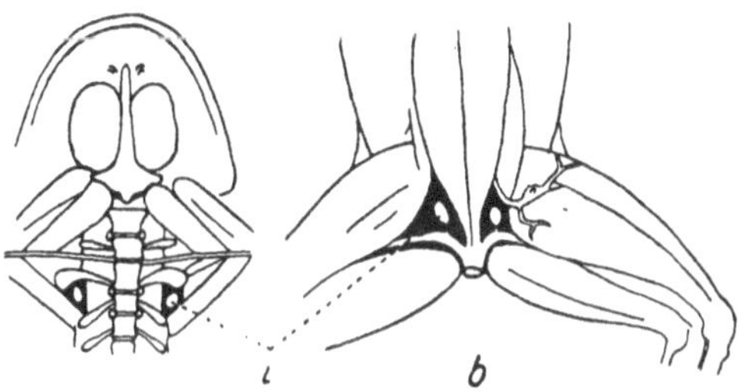

Abb. 58. Lymphherzen (L) von *Rana*. — a) vordere, b) hintere. (Nach Nierstraß.)

herzen, eingebaut. Bei Urodelen unter den Schulterblättern, an der Schwanzwurzel und an den Körperseiten unter der Haut, bei Apoden in jedem Körpersegment 1 Paar unter der Haut und bei Anuren 1 vorderes Paar in der Schultergegend und 1 hinteres am Steißbein (Abb. 58). Die hinteren Lymphherzen kann man manchmal an lebenden Froschlurchen pulsieren sehen.

Das Blut der Amphibien ist sehr wasserreich und enthält rote und weiße Blutkörperchen und Spindelzellen, die vielleicht Thrombozyten sind. Die Erythrozyten sind flache ovale Scheiben mit konkaven Flächen, die durch die Kerne in der Mitte aufgewölbt werden. Sie sind größer als bei allen übrigen Wirbeltieren, besonders bei Urodelen. Ihre Anzahl ist relativ klein und nach Art, Herkunft, Jahreszeit, Ernährungszustand u.dgl. wechselnd. In der Regel haben die Formen mit größeren Erythrozyten weniger als die mit kleineren, wie die Durchschnittswerte der Tabelle zeigen.

Amphibienart	Erythrozyten		
	Länge in μ	Breite in μ	Anzahl in 1 mm^3 Blut
Amphiuma	78	46	—
Proteus	58	35	36—45000
Salamandra atra	43	25,5	80000
Triturus alpestris	34—38	17—29,5	130000
Pelobates fuscus	21	15	734000
Bufo bufo	25,6	15	389000
Rana esculenta	21—24	14	400000

Die Erythrozyten enthalten Hämoglobin zur Bindung des Atemsauerstoffes, dessen Dissoziationskurve Beziehungen zu den Sauerstoffverhältnissen in den Medien, in denen die einzelnen Arten leben, zeigt. Bei Wasseratmern sind die Kurven steiler als bei Luftatmern.

Zum Kreislaufsystem gehören noch die inkretorischen Drüsen, weil ihre Produkte, die Inkrete oder Hormone, durch den Blut- und Lymphkreislauf transportiert werden. Die ungefähren Lagen der wichtigsten innersekretorischen Drüsen bei Amphibien zeigt Abb. 59.

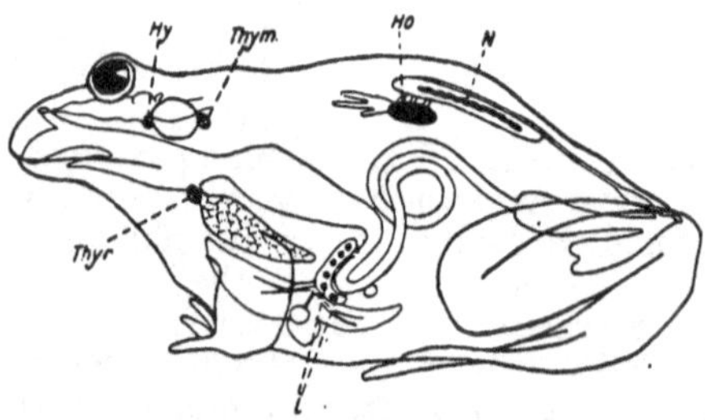

Abb. 59. Lage der wichtigsten innersekretorischen Drüsen bei *Rana*. — *Ho* Hoden, *Hy* Hypophyse, *L* Langerhanssche Inseln, *N* Nebenniere, *Thym* Thymus, *Thyr* Thyreoidea. (Nach Herter.)

Die Schilddrüse (Glandula thyreoidea) entsteht unpaarig aus dem Kiemendarm und teilt sich während der Entwicklung in zwei in der Nähe des Kehlkopfes liegende Drüsen. Diese bestehen aus stark durchbluteten Epithelbläschen, die Hormon (jodhaltiges Thyroxin) enthalten. Die Thyreoidea ist zur Zeit der Metamorphose am stärksten entwickelt. Dann bildet sie sich zurück, bleibt aber während des ganzen Lebens bestehen, in dem ihre Größe und Funktion jahreszeitlichen Schwankungen unterliegt. Die auffälligste Funktion des Schilddrüsenhormons bei den Lurchen ist seine Wirkung auf Wachstum und Metamorphose. Amphibienlarven, denen in gewissen Stadien durch Fütterung, Transplantation oder Injektion Tyroxin irgendeines Tieres zugeführt wird, stellen das Wachstum ein und machen eine „überstürzte" Metamorphose durch, so daß zwerghaft kleine vollentwickelte Tiere entstehen (Abb. 60). Entfernt oder zerstört man dagegen bei den Larven die Schilddrüse, so schreiten sie nicht zur Metamorphose, wachsen weit über das normale Maß hinaus und können sogar als Larven geschlechtsreif werden. Solche neotenischen Amphibien, namentlich Urodelen, kommen gelegentlich auch in der Natur vor. Sie zeigen Anomalien an den Schilddrüsen. Das bekannteste Beispiel sind die mexikanischen Axolotl *(Ambystoma)*, die man lange für erwachsene, dauernd im Wasser lebende Tiere hielt, bis experimentell festgestellt wurde, daß es

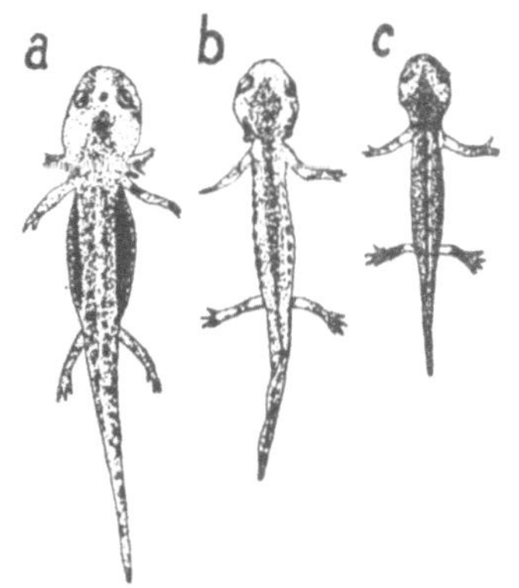

Abb. 60. Gleichaltrige Larven von *Salamandra salamandra*. — a) normal, b) nach 3maliger Injektion von 0,03 mg Thyroxin, c) nach 3maliger Injektion von 0,06 mg Thyroxin. (Nach Kuhn.)

sich um neotenische Larven handelt, die leicht durch Schilddrüsenfütterung in Landformen zu verwandeln sind. Bei den Proteiden und *Meantes* ist dies noch nicht gelungen, so daß sie wohl als Endstadien (die phylogenetisch aus neotenischen Larven hervorgegangen sein mögen) anzusehen sind. Der paarige Thymus (Glandula thymica) liegt in der Ohrregion und ist ähnlich wie ein

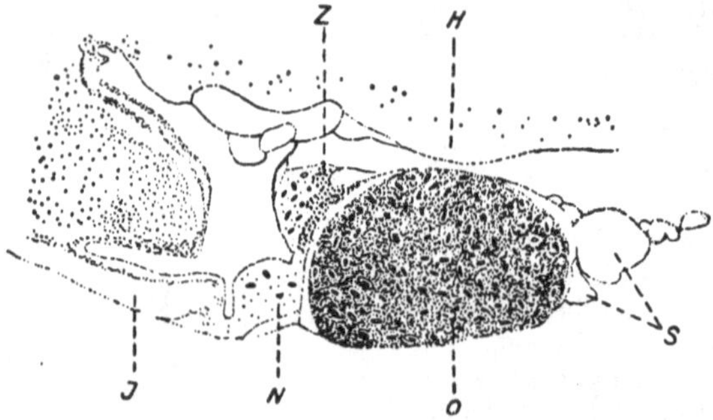

Abb. 61. Sagittalschnitt durch die Hypophyse von *Rana temporaria*. — *H* Hirnbasis, *I* Infundibulum, *N* Neurohypophyse, *O* Orohypophyse, *S* Saccus endolymphaticus, *Z* Zwischenlappen. (Nach Stendell.)

Lymphknoten gebaut. Seine Funktion ist noch nicht geklärt. Zum Teil scheint er antagonistisch zur Thyreoidea zu wirken. Der an dem Infundibulum des Zwischenhirns (s. S. 49) sitzende Hirnanhang, die Hypophyse, besteht aus 3 Teilen: der einen Hirnteil darstellenden Neurohypophyse (Hinterlappen), der aus dem Mundepithel stammenden Orohypophyse (Vorderlappen) und dem zwischen beiden liegenden Zwischenlappen (Pars intermedia) gleicher Herkunft (Abb. 61). Der Zwischenlappen besteht aus einem mehrschichtigen Epithel, die Orohypophyse ist ein mit „Kolloid" gefülltes Bläschen. Die Hypophyse der Amphibien produziert mehrere Hormone verschiedener Wirkung. Die aus der Neurohypophyse beeinflussen wahrscheinlich vor allem die Atmung und den Kreislauf. Die Hormone aus dem Zwischenlappen regulieren die Färbung und den Farbwechsel (s. S. 13ff). Die aus der Orohypophyse haben sehr mannigfaltige Wirkungen, die z. T. in Beeinflussungen anderer Inkretdrüsen (namentlich der Thyreoidea und der Gonaden) zu bestehen scheinen. Mit am auffälligsten ist, daß Hypophysenimplantation oder -fütterung ein beschleunigtes und übermäßiges Wachstum hervorrufen kann, das auf die Wirkung von Orohypophysenhormon zurückgeführt wird. Kompliziert sind die Verhältnisse bei den Nebennieren der Amphibien. Sie setzen sich aus 2 (bei niederen Wirbeltieren getrennten) Systemen zusammen: dem aus dem Cölomepithel stammenden Interrenalorgan und dem aus dem Sympathicus hervorgegangenen Suprarenalorgan, die bei den Lurchen erstmalig zu einem einheitlichen Organ verschmelzen, ohne die scharfe Gliederung in Mark und Rinde wie bei den höheren Wirbeltieren zu zeigen. Bei den Anuren bestehen die Nebennieren aus bandförmigen, gelben, stark durchbluteten Körpern auf den Ventralflächen der Nieren (Abb. 62), während sie bei Urodelen und Apoden aus einzelnen verstreuten Läppchen gebildet werden. Die Stränge des Nebennierengewebes enthalten sehr fettreiche Zellen, große Markzellen (chromaffine Zellen) und sog. Sommerzellen. Über die Wirkungen der Hormone der Amphibiennebennieren wissen wir nur wenig. Supracortin B aus Säuger-Nebennierenrinde verursacht bei Fröschen beschleunigtes Wachstum und starken Fettansatz, wahrscheinlich durch Anregung des Lipoid-Fettstoffwechsels. Das Adrenalin oder Suprarenin aus dem Nebennierenmark erregt den Sympathicus und steigert dadurch den Stoffwechsel. Die Langerhansschen Inseln, im Pankreasgewebe verstreut liegende Haufen rund-

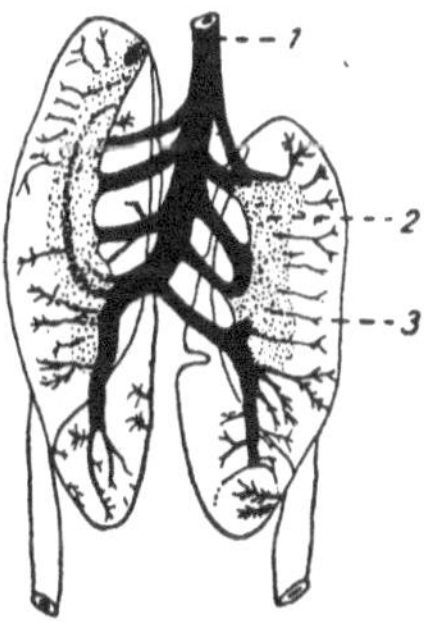

Abb. 62. Niere (3) und Nebenniere (2) von *Rana esculenta*. — *1* Vene. (Nach Gaupp.)

licher Zellen, produzieren Insulin, das auch bei den Lurchen, wie bei anderen Wirbeltieren, den Kohlehydratstoffwechsel (Glykogenspeicherung in der Leber) reguliert. Schließlich werden Hormone, die wichtige Funktionen ausüben, in den Gonaden der Lurche erzeugt (s. S. 81).

d) Das Ausscheidungssystem

Außer den Schleimdrüsen, deren Produkte geringe Mengen von Exkreten enthalten können (s. S. 11), dienen bei den Amphibien die Nieren der Ausscheidung. Diese stets paarigen Organe sind bei den Larven Vornieren (Pronephros) mit offenen Flimmertrichtern und Kanälchen, die in den Vornierengang münden und denen gegenüber segmental angeordnete Glomeruli liegen (Abb. 63 rechts). Spätestens bei der Metamorphose entstehen aus ihnen die Urnieren (Mesonephros), die die bleibenden Exkretionsorgane der Lurche darstellen. Bei ihnen bilden sich aus den Glomeruli und den *Bowmanschen* Kapseln Malpighische Körperchen. Die Flimmertrichter können als Nephrostome erhalten bleiben. Die Harnkanälchen ziehen zu dem Harnleiter (Urnierengang, *Wolff*scher Gang), der in die

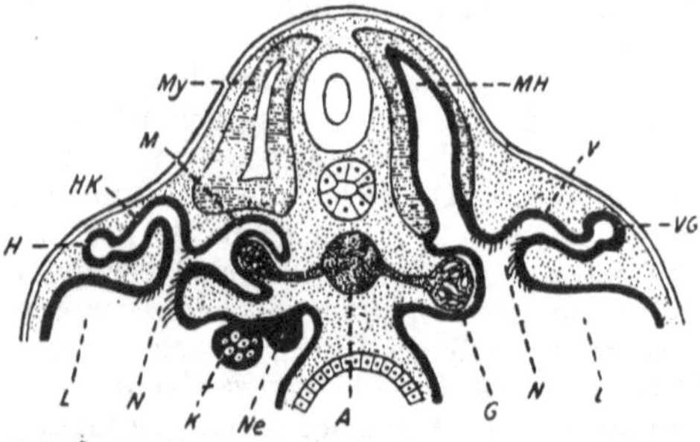

Abb. 63. Schema der Vorniere (rechts) und der bleibenden Niere (links) der Amphibien. — *A* Aorta, *G* Glomerulus, *H* Harnleiter, *HK* Harnkanälchen der bleibenden Niere. *K* Keimdrüse, *L* Leibeshöhle, *M* Malpighisches Körperchen, *MH* Myotomhöhle, *My* Myotom, *N* Nephrostom, *Ne* Anlage der Nebenniere, *V* Vornierenkanälchen, *VG* Vornierengang. (Nach Wiedersheim.)

Kloake mündet (Abb. 63 links). Diesem primitiven Schema mit Malpighischen Körperchen und Nephrostomen in jedem Segment entsprechen am meisten die sehr langen Nieren der Gymnophionen, die vom Herzen bis fast zur Kloake reichen. Bei den Urodelen gliedert sich die Niere in einen hinteren breiteren Teil – die Becken-Niere – und in einen vorderen schlanken – die Rumpf-Niere – der bei den Männchen mit dem gleichseitigen Hoden in Beziehung tritt (Abb. 64a). Von diesem ziehen die Ductuli efferentes in die Rumpf-Niere, von der das Sperma durch die Harnkanälchen in den *Wolff*schen Gang geleitet wird. Die Becken-Niere, die nur der Exkretion dient, entsendet Harnsammelröhrchen, die sich kurz vor der Mündung in die Kloake mit dem *Wolff*schen Gang, der hier Harn-Samenleiter ist, vereinigen. Bei den gedrungeneren Nieren der Anuren (s. Abb. 62) sind die Beziehungen zu den männlichen Keimdrüsen gattungs- oder auch artmäßig verschieden. Während bei *Bufo* und *Rana* (Abb. 65a) – ähnlich wie bei den Urodelen – alle Ductuli efferentes in die Niere gehen, in der sich Sperma und Harn mischen, besteht bei *Bombina* (b) außerdem eine direkte Verbindung zwischen Hoden und Harnleiter. Bei *Discoglossus* (c) führt ein Ductus efferens das Sperma in den oberen Teil des *Wolff*schen Gan-

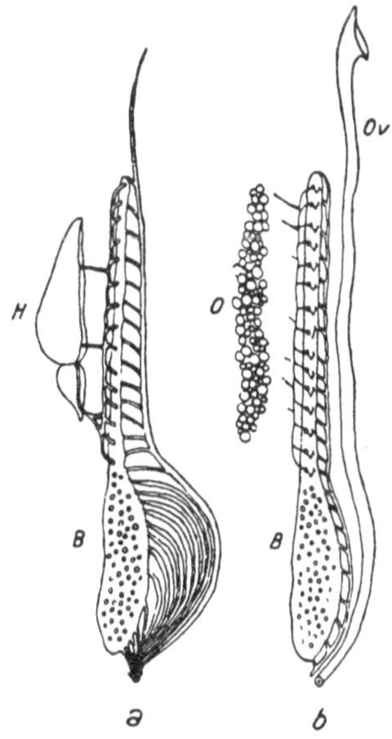

Abb. 64. Nieren und Geschlechtsorgane von *Triturus vulgaris*. — a) Männchen, b) Weibchen. *B* Beckenniere, *H* Hoden, *O* Ovar, *Ov* Ovidukt. (Nach Hoffmann.)

ges, der Harnsammelgänge aus dem vorderen Teil der Niere aufnimmt, sich dann zu einer Samenblase erweitert

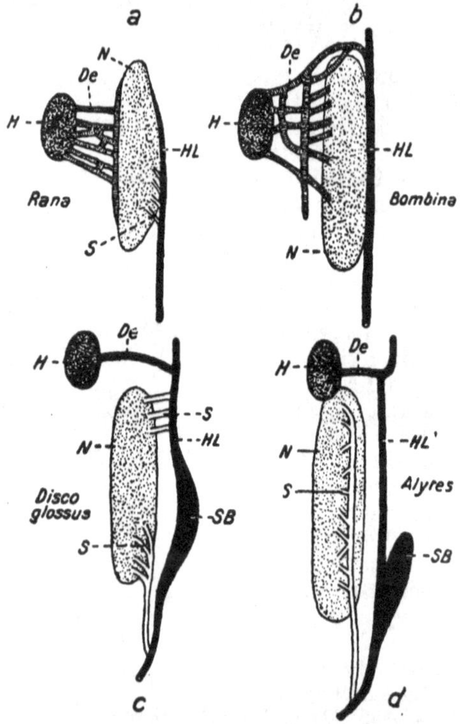

Abb. 65. Schemata der Beziehungen zwischen Hoden und Nieren bei Anuren. — *De* Ductuli efferentes, *H* Hoden, *HL* Harnsamenleiter, *N* Niere, *S* Sammelgänge, *SB* Samenblase. (Nach Hirsch.)

und kurz vor seiner Mündung in die Kloake noch aus dem hinteren Nierenteil durch einen sekundären Harnleiter Harn erhält. Bei *Alytes* (d) besteht nur noch diese letzte Verbindung zwischen der Niere und dem *Wolff*schen Gang, der, wie auch bei manchen anderen Anurenmännchen, eine Samenblase bildet. Die Nephrostome münden bei den meisten Anuren in das Venensystem. Die Blutversorgung der Niere (Abb. 62) ist recht kompliziert und kann hier nicht besprochen werden. Alle Amphibien haben eine Harnblase, eine dünnwandige Ausstülpung der ventralen Kloakenwand, deren Eingang den Mündungen der Harnleiter gegenüberliegt. Die Form der Blase kann zwischen einem einfachen Sack (z. B. *Proteus*) und zwei fast völlig getrennten Räumen (z. B. *Alytes*, *Bombina*) schwanken. Häufig ist eine etwa herzförmige zweizipflige Gestalt (z. B. *Triturus*, *Salamandra*, *Rana*). Der aus den Harnleitern in die Kloake fließende Harn wird in der sehr erweiterungsfähigen Blase gesammelt und bei der Entleerung mit kräftigem Strahl ausgespritzt. Bei Austrocknung kann die Blase als Wasserspeicher dienen. Der Harn ist eine klare, farblose Flüssigkeit. Das wichtigste Exkret ist Harnstoff, der hauptsächlich in der Leber erzeugt wird. Die Amphibien sind ureotelische Tiere.

5. DIE GESCHLECHTSORGANE UND DIE FORTPFLANZUNG

Alle Amphibien sind normalerweise getrenntgeschlechtlich. Die paarigen Keimdrüsen liegen an den medialen Rändern der Nieren (Abb. 64), zu denen sie bei den Männchen meist die schon beschriebenen Beziehungen zeigen (s. S. 79). Bei den Weibchen (Abb. 64b) fallen die Eier aus den Ovarien frei in die Leibeshöhle und werden von den weit vorn im Rumpf liegenden trichterförmigen Öffnungen der Eileiter (Oviducte) eingeflimmert. Die meist stark geschlängelten Oviducte (*Müller*sche Gänge) münden getrennt vor den Harnleitern in die Kloake. Bei den Anuren (Abb. 66) und den lebendgebärenden Urodelen und Gymnophionen sind die caudalen Abschnitte der *Müller*schen Gänge zu den Uteri erweitert. Die Gonaden der Apoden sind sehr langgestreckt, die Ovarien schmale Bänder; die Hoden bestehen aus einzelnen ovoiden Körpern, die perlschnurartig aneinandergereiht sind. Bei den Urodelen haben die Keimdrüsen ebenfalls längliche Gestalt, während sie bei den Anuren mehr rundlich sind. In der Nähe der Gonaden liegen bei allen Lurchen gelblich oder orange gefärbte Fettkörper, die bandförmig (Apoden, Urodelen) oder fingerartig verzweigt (Anuren) sind (Abb. 67). Sie bestehen hauptsächlich aus Fettzellen, können jedoch auch Urgeschlechtszellen enthalten. Sie liefern Reservestoffe, wohl hauptsächlich für die Bildung der Geschlechtsprodukte.

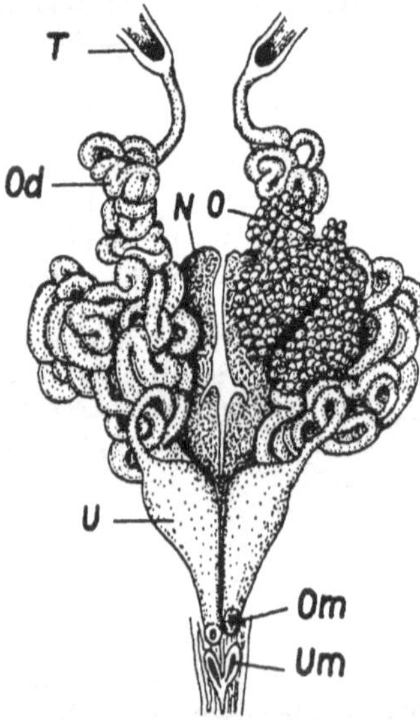

Abb. 66. Urogenitalapparat des Weibchens von *Rana esculenta*. — *N* Niere, *O* Ovar, *Od* Ovidukt, *Om* Oviduktmündung in die Kloake, *T* Tubenöffnung, *U* Uterus, *Um* Uretermündung. (Nach Wiedersheim.)

Die Differenzierung der Geschlechtsorgane in männliche oder weibliche tritt bei manchen Anuren erst relativ spät ein. Bei *Rana*arten unterscheidet man differenzierte Rassen, bei denen die Umwandlung der indifferenten Gonaden in Hoden oder Ovarien am Ende der Larvenzeit beginnt, und undifferenzierte, bei denen dies noch später eintritt, oft erst lange nach der Metamorphose. Die Gonaden entwickeln sich dann gewöhnlich zuerst in weiblicher Richtung, um darauf über einen hermaphroditen Zustand (intermediäre Drüsen) zu Hoden zu werden. Gelegentlich findet man in der Natur auch unter erwachsenen Tieren Zwitter.

Bei *Bufo* und einigen anderen Bufoniden liegt zwischen

Gonaden und Fettkörpern das paarige *Bidder*sche Organ (Abb. 67). eine rundliche Drüse, die viele Eizellen enthält, die in jahreszeitlichen Rhythmen auf- und abgebaut werden. Bei den Weibchen bildet es sich meist in den ersten Lebensjahren zurück, während es bei den Männchen — bei *Bufo bufo* auch bei den Weibchen — dauernd bestehenbleibt. Im normalen Leben der Kröten scheint es keine Bedeutung zu haben. Exstirpation der Hoden verursacht bei männlichen Kröten unter bestimmten Stoffwechselbedingungen Entwicklung der *Bidder*schen Organe zu funktionsfähigen Ovarien, unter derem innersekretorischen Einfluß eine völlige körperliche und psychische Umwandlung der ursprünglichen Männchen in vollwertige Weibchen erfolgt. Solche durch Umstimmung künstlich erhaltenen Weibchen können Eier ablegen, aus denen sich normale Kaulquappen und junge Kröten entwickeln.

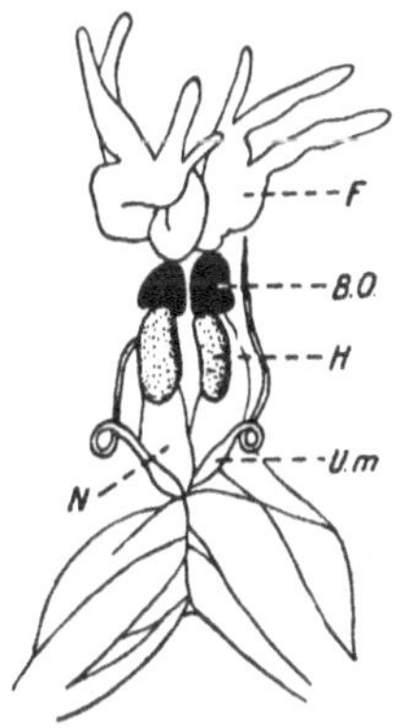

Abb. 67. Männliche Geschlechtsorgane von *Bufo bufo*.— *B.O.* Biddersches Organ, *F* Fettkörper, *H* Hoden, *N* Niere, *U. m.* Uterus masculinus. (Nach Harms.)

Bei den meisten Lurchen dürfte das natürliche Geschlechtsverhältnis etwa 1:1 sein. Bei manchen Formen (*Alytes, Bombina, Bufo, Hyla, Pelobates, Salamandra atra*) wird jedoch ein starker Männchenüberschuß beobachtet. Für *Bufo bufo* wird das Verhältnis 80—90% Männchen zu 20—10% Weibchen angegeben.

Die männlichen Keimzellen, die Spermatozoen, sind im allgemeinen bei den Urodelen recht groß (z.B. bei *Hydromantes* 0,7 mm lang), bei den Anuren viel kleiner (etwa 0,1 mm lang), können aber bei manchen Arten Längen bis fast zu 3 mm erreichen (*Discoglossus*). Die Formen der Spermien sind — auch innerhalb derselben Gattungen — ziemlich verschieden (Abb. 68). Die Urodelenspermien haben undulierende Membranen. Die runden oder ovalen

Eizellen sind meist sehr dotterreich und in Größe und Anzahl artlich sehr schwankend; oft sind sie (namentlich an den animalen Polen) pigmentiert (meist schwarz oder braun). In den Eileitern werden sie mit durchsichtigen Hüllen umgeben. Die äußerste besteht in der Regel aus einer im Wasser stark aufquellenden Gallerte und ist außen klebrig, wodurch die Eier (Abb. 69) vielfach einzeln an Pflanzen und dergleichen angeheftet werden (so bei vielen Urodelen, *Xenopus, Bombina)*. Bei vielen Anuren verkleben sie zu größeren oder kleineren Laichklumpen *(Rana, Hyla)* oder zu länglichen Massen *(Pelobates)*. Sie können auch in rosenkranzförmigen Ketten (Gymnophionen, *Amphiumidae, Alytes)* oder in langen Schnüren, in denen sie in Reihen in einer Gallertmasse liegen *(Bufo)*, abgelegt werden. Arten mit großen, dotterreichen Eiern legen in der Regel weniger ab als solche mit kleinen. So legt die Blindwühle *Hypogeophis rostratus* nur 6—30 Eier von 7—8 mm Durchmesser, während unsere *Rana*- und *Bufo*arten, deren Eier Durchmesser von 1—3 mm haben, 10000—12000 in einer Laichperiode produzieren können.

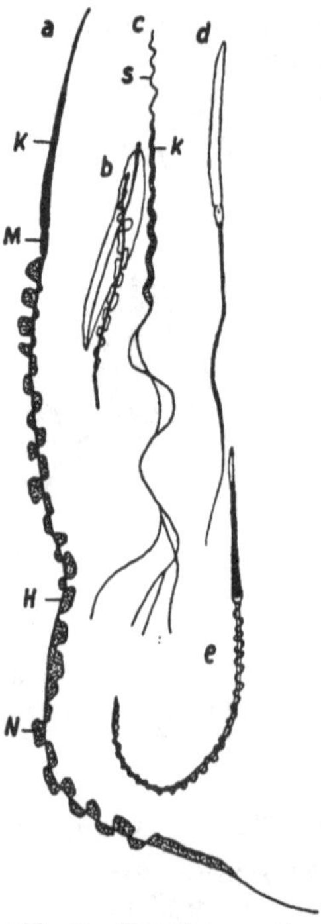

Abb. 68. Spermien. — a) *Triturus*, b) *Bombina bombina*, c) *Pelobates*, d) *Hyla arborea*, e) *Cryptobranchus alleghaniensis*. *H* Hauptfaser, *K* Kopf, *M* Mittelstück, *N* Nebenfaser, *S* Spitzenstück. (Nach Korschelt-Heider und Noble.)

Bei der Mehrzahl der Amphibien besteht außerhalb der Brunftzeiten kein sehr ausgesprochener Geschlechtsdimorphismus. Häufig sind bei Anuren die Männchen kleiner und zierlicher als die Weibchen, namentlich bei manchen *Rana*- und *Bufo*arten, bei denen die Männchen die Weibchen bei der Paarung umklammern und sich von ihnen umhertragen lassen (s. S. 92). Im Zusammenhang damit sind die Knochen und Muskeln der Vorderglied-

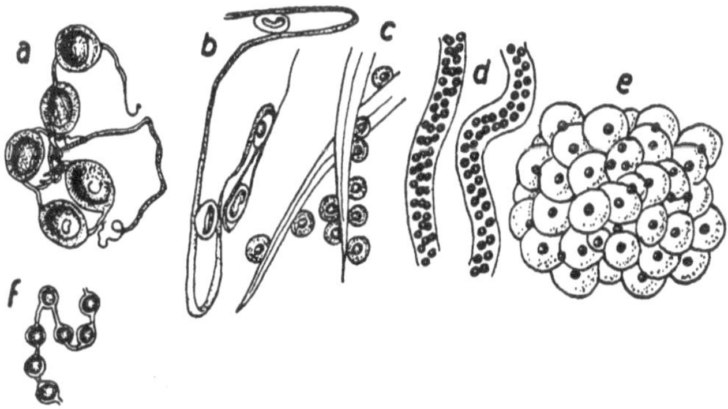

Abb. 69. Laichablagen von Amphibien. — a) *Siphonops annulatus*, b) *Triturus*, c) *Bombina variegata*, d) *Bufo bufo* (Stücke von Laichschnüren), e) *Rana*, f) *Alytes obstetricans*. (Nach verschiedenen Autoren.)

maßen bei den Männchen stärker entwickelt als bei den Weibchen (Abb. 70). Zur Brunftzeit bilden sich bei den meisten Anurenmännchen unter dem Einfluß von Keimdrüsenhormonen spezielle Hautdifferenzierungen aus, die die Geschlechter leicht unterscheiden lassen. Am bekanntesten sind die sog. Brunftschwielen, die meist an den Extremitäten liegen und die Umklammerung der Weibchen begünstigen. Über großen Drüsen in der sehr verdickten Lederhaut bildet die Epidermis stark verhornte spitze Höcker (Abb. 71), die bei manchen Formen noch mit kleinen seitlichen Vorsprüngen versehen sind (Abb. 72 c_3). Diese Schwielen finden sich vorzugsweise an den Daumen („Daumenschwielen“) oder auch an einigen Fingern der Hand (Abb. 72), zuweilen auch an den Zehen (*Bombina variegata*, *Pelodytes*) oder außerdem in Form sog. „Hornkämme" am Unterarm und an der Brust (Abb. 73). Bei *Leptodactylus pentadactylus* hat das Männ-

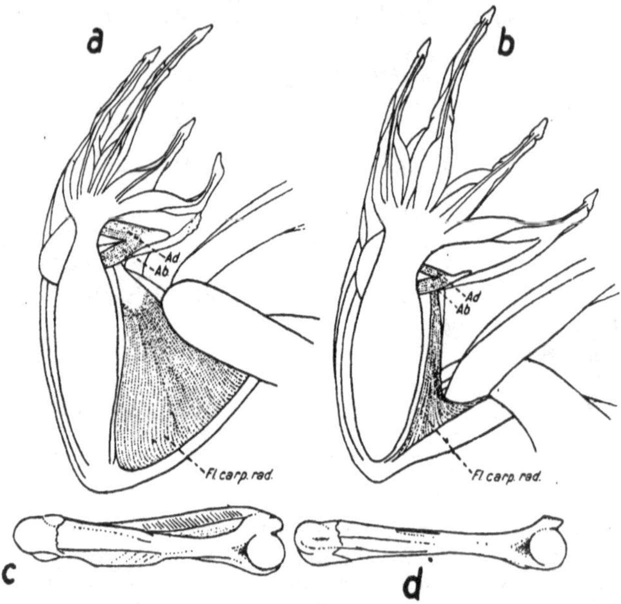

Abb. 70. Vorderarmmuskeln und -knochen von *Rana temporaria*. — a) und c) Männchen, b) und d) Weibchen. *Ab* Musculus abductor pollicis, *Ad* M. adductor pollicis, *Fl. carp. rad.* M. flexor carpi radialis. (Nach Kändler.)

chen einen Seitensproß an der Innenseite der Hand, der einen 5. Finger vortäuscht, und spitze Hornwarzen auf der Brust, bei *L. ocellatus* 2 kräftige Höcker auf der Innenseite des 1. Fingers. Bei dem Männchen von *Hyla armata* sitzen an den Innenfingern und ihnen gegenüber an den Unterarmen Hornplatten, die zusammen ein Zirporgan bilden, bei dem Männchen von *Astylosternus* — dem

„Haarfrosch" – treten zur Brunftzeit haarförmige Bildungen an den Körperseiten und Oberschenkeln auf. Ein

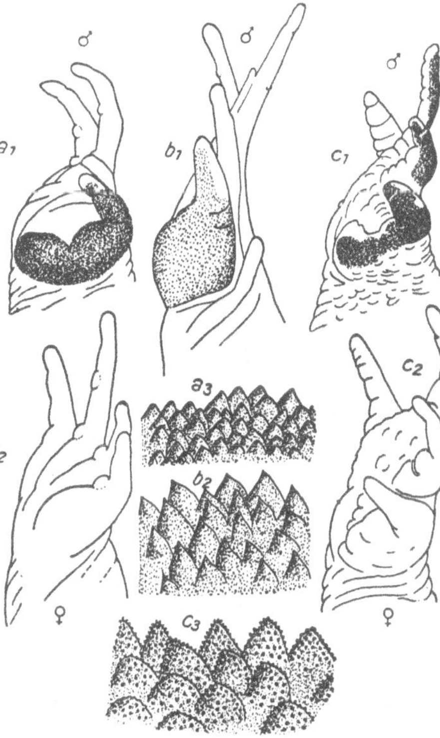

Abb. 71. Brunftschwielen von Anuren. — a) ***Rana temporaria,*** **b)** ***Rana esculenta,*** **c)** ***Bufo bufo.*** **(Nach Kändler.)**

weiteres Sexualmerkmal der Anuren ist die Stimme (s. S. 63). Bei einigen Formen kommt sie nur dem Männchen zu, bei anderen auch dem Weibchen, jedoch bringt

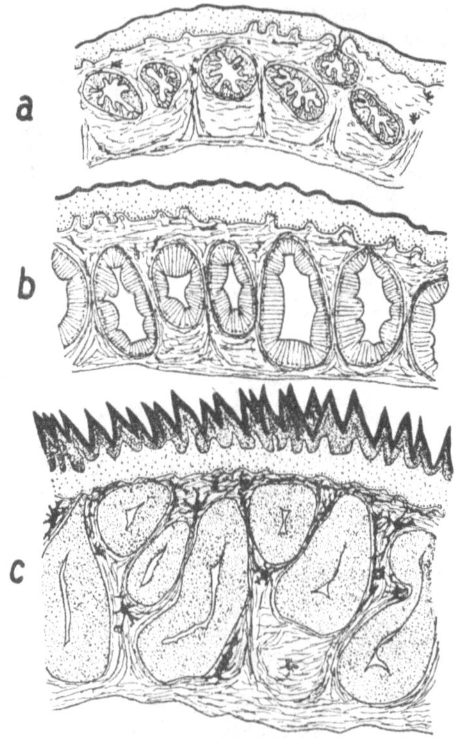

Abb. 72. Schnitte durch Brunftschwielen von *Rana temporaria*. — a) Anfang Mai (nach der Brunft), b) Mitte September, c) im Frühling (während der Brunft). (Nach Harms.)

dieses dann meist andere — im allgemeinen viel schwächere — Töne hervor als das Männchen, dessen Lautstärken oft durch Schallblasen außerordentlich vergrößert werden. Bei vielen Urodelen haben die Männchen auf dem Rücken Hautkämme, die sich zur Laichzeit außerordentlich stark vergrößern (Abb. 74). Häufig sind die Männchen auch vielseitiger und prächtiger gefärbt und gezeichnet als die Weibchen. Bei einigen kleinen Wassermolchen sind die Männchen durch fadenförmig verlängerte Schwanzspitzen ausgezeichnet (Abb. 75). Die Zehen tra-

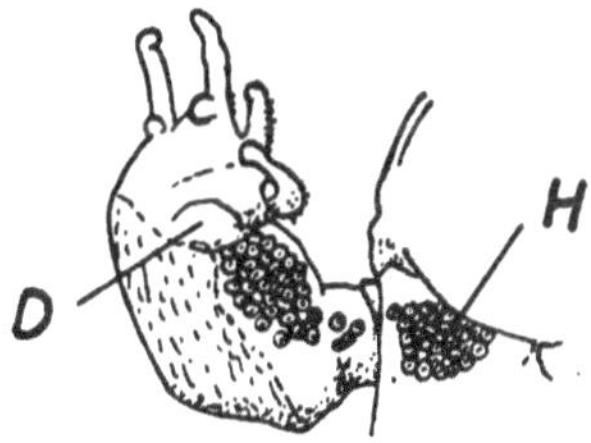

Abb. 73. Arm und Brust eines brünftigen Männchens von *Rana libigi*. — *D* Daumenschwiele, *H* Hautkamm. (Nach Versluys.)

Abb. 74. *Triturus cristatus* beim „Liebesspiel". — (Nach Hesse.)

Links: Abb. 75. Brünftiges Männchen von *Triturus helveticus*. — (Nach Klingelhöffer.)
Rechts: Abb. 76. Hinterfuß eines brünftigen Männchens von *Triturus vulgaris*. — (Nach Remane.)

gen zur Laichzeit lappige Hautsäume (Abb. 76). Das Männchen von *Salamandra caucasica* und *luschani* hat zur Brunftzeit einen Wulst am Oberarm und einen eigenartigen Höcker auf der Oberseite der Schwanzwurzel.

In Klimagebieten mit regelmäßigem Wechsel zwischen kalten und warmen bzw. trockenen und feuchten Perioden haben die Amphibien im allgemeinen artlich festliegende Fortpflanzungszeiten, die in die für die Entwicklung der Brut günstigsten Phasen fallen. Im gemäßigten Europa pflanzen sich die meisten Arten im Frühling fort, z.B. die deutschen *Triturus*arten von März bis Mai, die Braunfrösche (*Rana temporaria*, *arvalis* und *dalmatina*), *Bufo bufo* und *Pelobates fuscus* von März bis April, *Hyla arborea*, *Bufo calamita*, *B. viridis*, *Alytes obstetricans*, *Bombina bombina*, *B. variegata*, *Rana esculenta* und *R. ridibunda* im Mai. Während einige Formen nur einmal im Jahr in einer ganz kurzen Zeit—oft in wenigen Tagen — alle Eier absetzen (z.B. *Rana temporaria*, *R. arvalis*, *Bufo bufo*), pflanzen sich andere innerhalb einer längeren Periode (z.B. *Bufo calamita* manchmal von April bis Juli) eventuell mehrmals (*Alytes*, *Bombina*) fort. *Salamandra salamandra* kann den ganzen Sommer über (in Gefangenschaft auch im Winter) werfen. Die Zeiten sind meistens innerhalb gewisser Grenzen von der jeweiligen Wetterlage und den Klimabedingungen der Wohnorte abhängig. Viele Arten halten sich nur während der Fortpflanzungsperioden im Wasser auf.

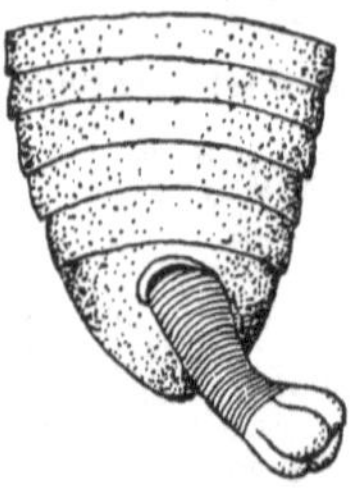

Abb. 77. Hinterende eines Männchens von *Caecilia lumbricoides* mit ausgestülpter Kloake. (Nach Meisenheimer.)

Die Vereinigung der Geschlechtsprodukte vollzieht sich bei den 3 Ordnungen in verschiedener Weise. Bei den Gymnophionen findet eine echte Begattung statt, bei der die ausgestülpte männliche Kloake (Abb. 77) als Begattungsglied fungiert. Die Eier werden im mütterlichen Körper befruchtet. Auch bei den Urodelen ist innere Befruchtung die Regel. Eine Ausnahme macht *Cryptobranchus*, bei dem sich das Männchen über oder neben das eierlegende Weibchen schiebt und das Sperma über die Eier ergießt. Bei den meisten Schwanzlurchen setzt das Männchen eigenartige, von Drüsen der Kloakenwand gebildete Samenträger (Spermatophoren) ab, auf denen die Samenmassen sitzen (Abb. 78), die von den Weibchen mit den Kloakenlippen abgenommen werden. Bei unseren Wassermolchen (*Triturus*) gehen dem Ablegen der Spermatophoren „Liebesspiele" voraus, bei denen das Männchen das Weibchen umschwimmt und sich ihm „in den Weg stellt", wobei es mit dem stark ein-

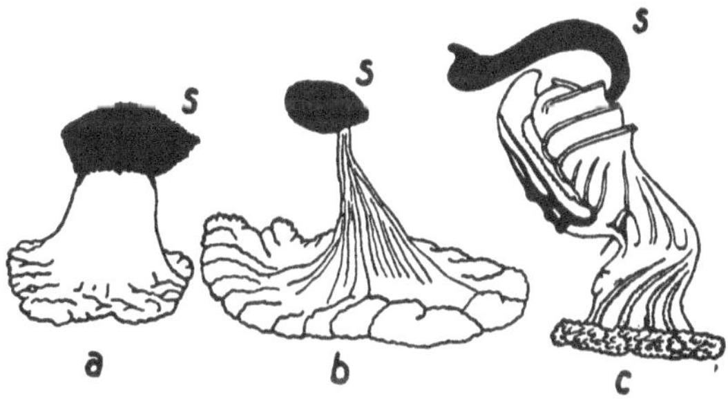

Abb. 78. Spermatophoren. — a) *Ambystoma punctatum*, b) *Triturus viridescens*, c) *Triturus vulgaris*. *S* Spermamasse. (Nach Meisenheimer.)

gekrümmten Schwanz schnelle schlagende und wedelnde Bewegungen ausführt (Abb. 74), durch die dem Weibchen wahrscheinlich spezifische, die sexuelle Bereitschaft steigernde Duftstoffe aus den männlichen Kloakendrüsen zugefächelt werden. Dann setzt das Männchen Spermatophoren auf den Gewässerboden ab, über die das Weibchen hinschreitet, wobei es das Sperma in seine Kloake aufnimmt. Das Männchen von *Triturus viridescens* umklammert vor der Spermatophorenabgabe den Nacken des Weibchens mit den Hinterbeinen, die auf den Unterseiten mit Hornkegeln und -zapfen besetzt sind, und be-

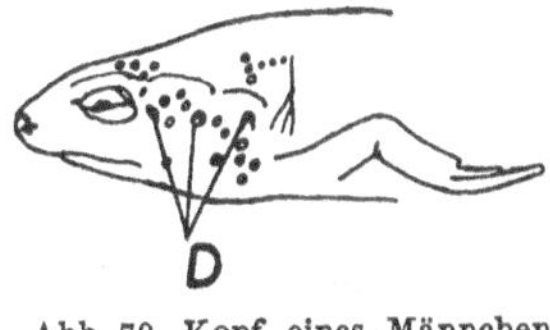

Abb. 79. Kopf eines Männchens von *Triturus viridescens*. — *D* Drüsengruben. (Nach Meisenheimer.)

streicht die Schnauze des Weibchens mit Duftstoffen aus hinter den Augen liegenden Kopfdrüsen (Abb. 79). Umklammerung des Weibchens kommt auch bei anderen Urodelen vor, z. B. bei *Salamandra salamandra*. Das Männchen schiebt sich auf dem Lande von hinten unter das Weibchen und umklammert mit seinen Vorderbeinen dessen Arme. Nach einiger Zeit setzt es eine Spermatophore auf den Boden ab und biegt seinen Hinterkörper zur Seite, so daß die Kloake des Weibchens gerade über das Sperma zu liegen kommt. Bei vielen Urodelen wird das Sperma

Abb. 80. Laichstellung von *Bufo bufo*. — (Nach Eibl-Eibesfeldt.)

zunächst in Kloakendrüsen des Weibchens, die als Receptaculum seminis dienen, aufbewahrt, um erst bei der Eiablage zur Befruchtung verwendet zu werden. Bei viviparen Formen werden die Eier in den Uteri befruchtet. Außer bei den lebendgebärenden Kröten der Gattung *Nectophrynoides* (und vielleicht bei *Pipa)* werden bei den Anuren die Eier erst bei ihrer Ablage besamt und befruchtet, und zwar in der Regel im Wasser. Das Männchen umklammert das Weibchen mit seinen Armen entweder in der Achselgegend (z.B. bei *Rana*, *Bufo*, *Hyla)* oder an den Hüften (z.B. *Bombina*, *Alytes*, *Pelobates)*. In vielen Fällen dürften sich die Geschlechter dadurch zusammenfinden, daß das Weibchen durch die Stimmlaute des Männchens angelockt wird und dieses alle sich in seiner Nähe bewegenden Körper zu umklammern versucht. Von anderen Tieren (z.B. anderen Männchen) wird es meist bald durch deren Abwehrbewegungen vertrieben, während brünftige Weibchen die Umklammerung dulden. Diese dauert einige Stunden bis mehrere Tage (bei *Bufo bufo* für gewöhnlich etwa 10 Tage). Wenn die Eier gereift sind, werden sie von dem Weibchen aus der Kloake aus-

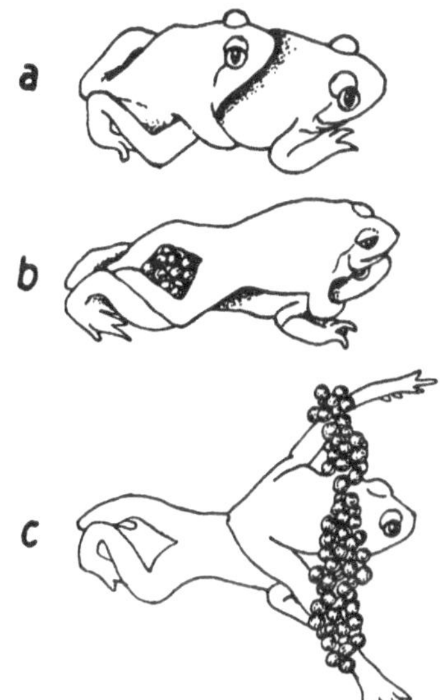

Links: Abb. 81. Pärchen von *Phyllomedusa hypochondrialis* bei der Eiablage in ein zusammengefaltetes Blatt. (Nach Meisenheimer.)

Rechts: Abb. 82. Paarung und Eiablage bei *Alytes obstetricans*. — (Nach Boulenger aus Remane.)

gestoßen, wobei das Männchen das Sperma über sie ergießt. Es kann dabei mit seinen Hinterbeinen einen „Korb" bilden, in dem die Besamung stattfindet (Abb. 80). Bei einigen Froschlurchen erfolgt die Eiablage auf dem Lande. Ein Pärchen des südamerikanischen Laubfrosches *Phyllomedusa hypochondrialis* fügt mit den Hinterbeinen ein Blatt zusammen, so daß eine Tüte entsteht, in die Eier und Spermien in einer wässrigen Gallertmasse entleert werden (Abb. 81). Das Männchen der Geburtshelferkröte *(Alytes obstetricans)* umklammert das Weibchen auf dem Lande in der Hüftgegend (Abb. 82a). Zu Beginn der Eiablage rückt es nach vorn und umfaßt den Kopf des Weibchens, das die Eier in den von den Hinterbeinen beider Tiere gebildeten Raum entleert (Abb. 82b). Hier ergießt das Männchen das Sperma über die Eier und wikkelt sich diese durch entsprechende Bewegungen um die

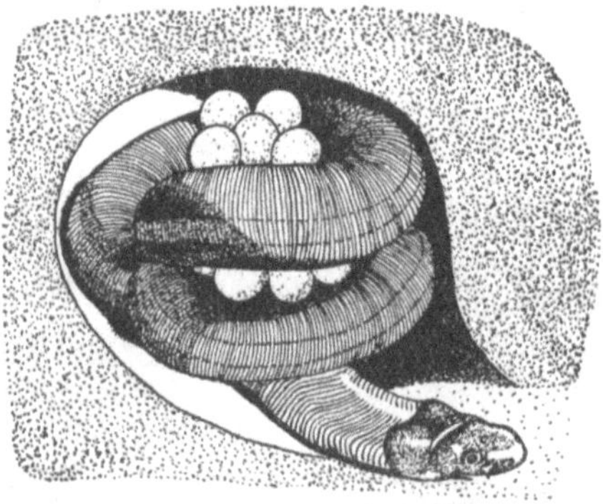

Abb. 83. Weibchen von *Ichthyophis glutinosus* bei der Brutpflege. — (Nach Sarasin.)

Hinterbeine (Abb. 82c). Nach 3–8 Wochen Landaufenthalt streift es die Eier im Wasser ab und die Larven schlüpfen aus.

Einige Amphibien sind lebendgebärend. Bei ihnen machen die im mütterlichen Körper befruchteten Eier in dessen Uteri ihre Entwicklung durch, und die Jungen werden entweder als mehr oder weniger weit entwickelte Larven oder als metamorphosierte Tiere geboren. Von Gymnophionen gebiert *Dermophis thomensis* Larven, während *Siphonops brasiliensis* u.a. völlig entwickelte Junge zur Welt bringen. Einige Urodelen sind vivipar oder ovovivipar: *Salamandra salamandra* setzt nach 9–10 Monaten

Trächtigkeit 12—30 weit entwickelte Larven, die oft erst während oder kurz nach der Geburt die Eihüllen sprengen, ins Wasser ab, in dem sie bis zur Metamorphose noch längere Zeit leben. Bei *Salamandra atra* entwickeln sich aus den zahlreichen (10—70) Eiern in den Uteri gewöhnlich nur 2, die sich von den zu einem Dotterbrei zusammenfließenden übrigen ernähren. Die Larven sind mit mäch-

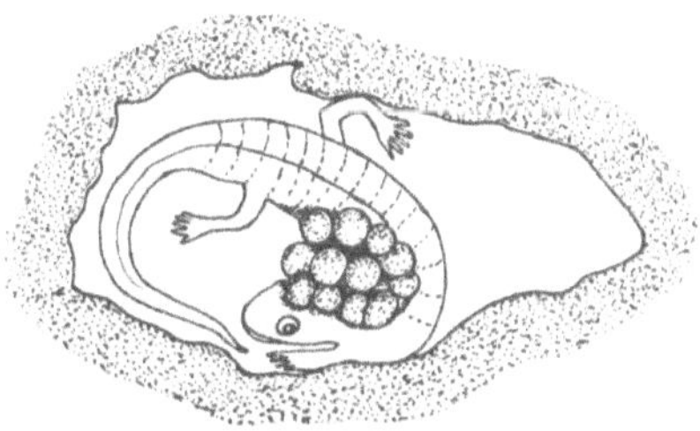

Abb. 84. Weibchen von *Desmognathus fuscus* bei der Brutpflege. — (Nach Meisenheimer.)

tigen verzweigten Kiemen ausgestattet, die vielleicht Nährstoffe aus der Uteruswand aufnehmen und die vor der Geburt wieder verschwinden. Die Trächtigkeit dauert 3—4 Jahre. Man faßt diesen eigenartigen Fortpflanzungsmodus als eine Anpassung an das Leben im Hochgebirge (kurze Sommer, Wassermangel) auf. Auch der italienische Höhlensalamander *Hydromantes genei* gebiert metamorphosierte Junge. Der für gewöhnlich eierlegende Olm *(Proteus anguinus)* soll unter besonderen Umständen vivipar sein. Von Anuren scheinen nur die Kröten *Nectophrynoides tornieri* und *vivipara* lebendgebärend zu sein.

Viele Lurche betreiben Brutpflege. Bei den Gymnophionen *Ichthyophis*, *Hypogeophis* und *Siphonops annulatus* schlingt sich das Weibchen um die in einem Klumpen abgelegten Eier in einer kleinen Erdhöhle (Abb. 83) in der Nähe von Wasser, in das sich die ausgeschlüpften Jungen begeben. Von Urodelen verhält sich *Amphiuma* ebenso.

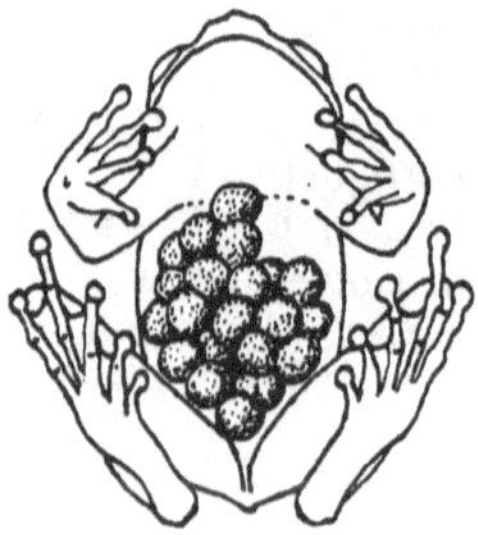

Abb. 85. Eiertragendes Weibchen von *Polypedates reticulatus*. — (Nach Meisenheimer.)

Abb. 86. Larventragendes Männchen von *Sooglossus seychellensis*. — (Nach Meisenheimer.)

Abb. 87. Eiertragendes Weibchen von *Hyla goeldii*. — (Nach Meisenheimer.)

Bei *Megalobatrachus* und *Cryptobranchus* werden die unter Steinen oder dergleichen im Wasser abgelegten Eier vom Männchen und bei *Necturus* vom Weibchen bewacht, verteidigt und durch Körperbewegungen mit frischem Atemwasser versorgt. Einige von ihnen sollen allerdings auch vom Vater selbst aufgefressen werden. Manche Landsalamander *(Desmognathus, Plethodon, Autodax)* legen die Eier in Erd- oder Baumhöhlen und bewachen sie (Abb. 84). Meist tun dies die Weibchen, bei manchen Arten wohl auch beide Geschlechter. Die Jungen machen die ganze Entwicklung in den Eiern auf dem Lande durch und bleiben z. T. noch längere Zeit bei den Eltern. Mannigfaltig sind die Brutpflegeerscheinungen bei den Anuren. Es seien nur wenige Beispiele angeführt. Manche Arten wikkeln sich die Eier um die Beine, wie die Männchen von *Alytes* (s. S. 93/94), andere heften sie an den Körper (Abb. 85). Bei dem

Seychellenfrosch (*Sooglossus seychellensis*) werden die Eier zwischen feuchten Blättern abgelegt und vom Männchen durch Bedeckung mit dem Körper feucht ge-

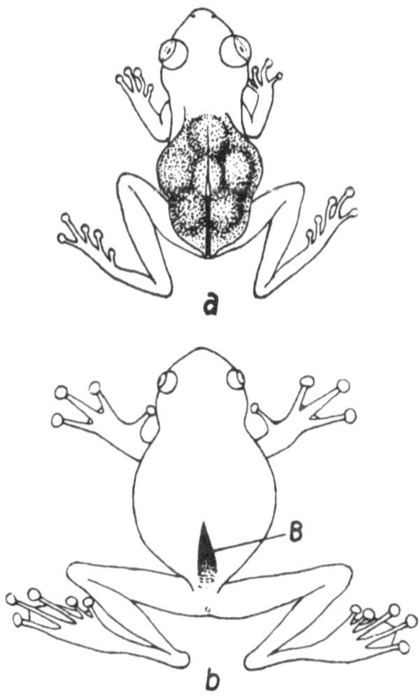

Abb. 88. Weibchen von Beutelfröschen. — a) *Gastrotheca pygmaeum* mit Eiern in der Bruttasche. — b) *G. oviferum*. *B* Eingang zur Bruttasche. (Nach Meisenheimer.)

halten, bis die Larven schlüpfen, die sich dann auf dem Rücken des Vaters festsetzen (Abb. 86) und hier ihre Verwandlung durchmachen. Bei einigen Formen werden besondere körperliche Einrichtungen für die Brutpflege ausgebildet. So bei *Hyla goeldii* eine Hautfalte, die die Eier auf dem Rücken des Weibchens wallartig umgibt (Abb. 87) und bis zur Entwicklung zu kleinen Fröschen festhält. Bei den Beutelfröschen *(Gastrotheca)* bilden zwei Hautfalten eine Tasche, in der die Eier liegen. Sie berühren sich nur in einer Längsnaht, wie bei *G. pygmaeum* (Abb. 88a), oder verwachsen in ihren vorderen Teilen, so daß nur ein hinterer Spalt offen bleibt, wie bei *G. oviferum* (Abb. 88b), durch den die Jungen später entlassen werden. Die Larven von *G. oviferum* haben eigenartige scheibenförmige Gebilde, die innig mit der Eihülle verbunden sind und durch je ein zu- und abführendes Blutgefäß mit den Kiemen zusammenhängen (Abb. 89). Es sind wohl Atemeinrichtungen. Bei *G. marsupiatum* und *plumbeum* werden die Kaulquappen, bei *G. pygmaeum* und *oviferum* die kleinen Frösche aus den Bruttaschen entlassen. Das Weibchen der Wabenkröte *(Pipa pipa)* setzt die Eier während der Paarung mit dem weit vorgestülpten Eileiterende auf dem eigenen Rücken ab. In der Rückenhaut bilden sich tiefe Einbuchtungen, die durch Deckel zu Zellen geschlossen werden, in denen die Eier die ganze Entwicklung bis zu kleinen Kröten durchlaufen, die die Deckel abstoßen und die Mutter verlassen. In einer gewissen Periode haben die Larven äußere Kiemen und stark durchblutete Schwänze, die wohl Atemfunktion haben (Abb. 90). Bei dem chilenischen Nasenfrosch *(Rhinoderma darwini)* „schluckt" das Männchen die Eier in die Schallblase, die sich während der Brutzeit so vergrößert, daß sie bis in die Lendengegend reicht. Nach der

Abb. 89. Larve von *Gastrotheca oviferum*. — (Nach Werner.)

Metamorphose verlassen die Jungfrösche den Brutsack durch den Mund des Vaters. Ziemlich weit verbreitet ist bei Anuren die Unterbringung der Jugendstadien in von den Eltern produzierten Schaummassen, die einen Schutz

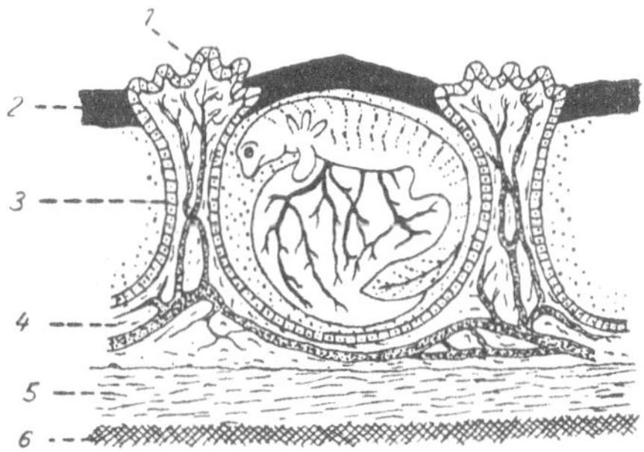

Abb. 90. Embryo von *Pipa* in der Hauttasche der Mutter. — *1* Scheidewand zwischen 2 Taschen, *2* Taschendeckel, *3* Eingestülpte Epidermis, *4* Corium, *5* Subkutaner Lymphraum, *6* Muskulatur. — (Nach Hilzheimer.)

gegen Feinde und in der Luft gegen Austrocknung darstellen, in manchen Fällen auch Nährstoffe liefern. Beide Geschlechter von *Limnodynastes tasmaniensis* und das Männchen von *Adelotus brevis* erzeugen durch schlagende Beinbewegungen mit Hilfe eines von ihnen produzierten Schleimes einen Schaum aus Luftblasen, der ein schwimmendes „Nest" (wie bei Labyrinthfischen) bildet und unter dem die Eier abgelegt werden, die das Männchen eine Zeitlang behütet. Das Weibchen von *Polypedates schlegeli* wühlt, während das Männchen auf ihm reitet, eine Höhle in die Uferböschung, in der die Eier in einer Schaummasse abgelegt werden (Abb. 91). Die Eltern graben sich dann durch einen schräg nach unten zum Wasser führenden Gang aus. Während die Eier sich entwickeln, verflüssigt sich der Schaum und fließt mit den Larven ins Wasser ab. Bei *Leptodactylus mystacinus* dient der Schaum den heranwachsenden Embryonen zur Nahrung, und die

Larven werden bei Regen von dem steigenden Wasser weggespült. Die Schaummassen mit den Eiern können auch an über das Wasser ragende Substrate abgelegt werden, von wo sie bei Regen abgeschwemmt werden, wie bei *Polypedates reinwardtii*, bei dem die Eier in einem Schaumnest zwischen Blätter geklebt werden. Im Inneren ver-

Abb. 91. *Polypedates schlegeli* bei der Eiablage. — (Nach Hilzheimer.)

flüssigt sich der Schaum, und die jungen Kaulquappen machen hier ihre erste Entwicklung durch. Später löst sich auch die äußere Schicht und die Larven fallen ins Wasser. Ähnlich verhalten sich *Phyllomedusa*arten (Abb. 81) und einige andere Formen. Ringwälle aus Schlamm im Wasser baut der brasilianische Laubfrosch *Hyla faber* (Abb. 92), und zwar schafft er das Material mit den Händen herbei und glättet es mit Händen, Bauch und Kehle. In diese Mulde, die 30 cm Durchmesser und 10 cm Tiefe haben kann, werden die Eier gelegt und sich dann selbst überlassen.

Da brünftige Anurenmännchen oft die verschiedensten bewegten Körper in ihrer Umgebung umklammern (s. S. 92), kommt es in der Natur nicht selten zu Paarungen zwischen Angehörigen verschiedener Arten. Handelt es sich um Formen mit zeitlich zusammenfallenden Brunftperioden, so können die Weibchen auch Eier ablegen, die von den andersartigen Männchen besamt werden. Derartiges läßt sich gelegentlich z. B. zwischen *Bufo calamita* und *viridis*, *Rana temporaria* und *arvalis*, ja selbst zwischen *Bufo bufo* und *Pelobates fuscus*, sowie zwischen *Bufo bufo* und *Rana temporaria* beobachten. In der Regel entstehen jedoch dadurch oder durch künstliche Besamung zwischen verschiedenen Anurenarten keine **Bastarde**, da die Spermatozoen zu sehr voneinander abweichen (Abb. 68) oder die Chromosomensätze zu verschieden sind. Oft kommt es zu einigen Furchungen, nach denen die Keime absterben, in anderen Fällen werden Kaulquappen erzeugt, die jedoch vor der Metamorphose eingehen, und nur in ganz wenigen konnten die Bastarde zu erwachsenen Tieren aufgezogen werden (z. B. bei Bastarden zwischen *Rana arvalis*-♀ und *R. temporaria*-♂ und *Bufo bufo*-♀ und *B. viridis*-♂). Nur *Bombina bombina* und *variegata* sind in der Gefangenschaft erfolgreich gekreuzt worden, und es wurde festgestellt, daß zwischen den beiden sehr nahe miteinander verwandten Arten in ihren gemeinsamen Verbreitungsgebieten auch in der Natur Bastarde auftreten. Unter den Urodelen kennt man aus dem mittleren und westlichen Frankreich, wo der Kammolch und der Marmormolch gemeinsam vorkommen, Kreuzungen zwischen *Triturus cristatus*-♂ und *marmoratus*-♀ (= *T. blasii*) sowie auch zwischen *T. marmoratus*-♂ und *cristatus*-♀ (= *T. troussarti*). Rückkreuzungen mit den Eltertieren sind möglich, jedoch sind die Larven sehr schwer aufzuziehen. In der Gefangenschaft ist es — z. T. mit Hilfe künstlicher Befruchtung — gelungen, *Triturus vulgaris* mit *T. helveticus*, *italicus*, *alpestris* und *cristatus* zu kreuzen.

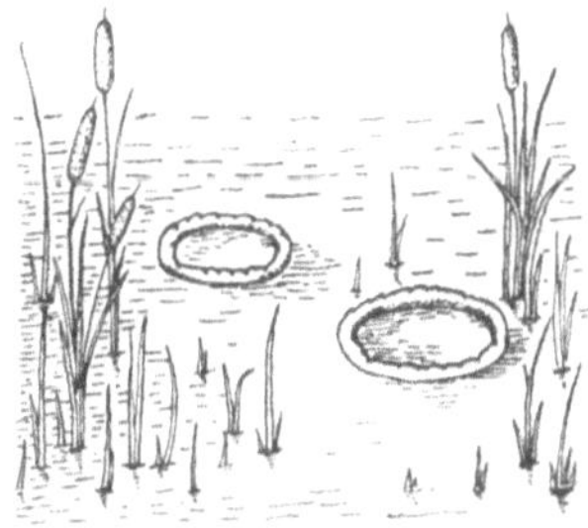

Abb. 92. Zwei Nester von *Hyla faber*. (Nach Hilzheimer.)

6. DIE ENTWICKLUNG

Die Eier der Urodelen und Anuren furchen sich nach dem totalen inäqualen Typus, und zwar meist so regelmäßig, daß sie vielfach als Musterbeispiele für diesen Entwicklungsmodus herangezogen werden. Wegen ihrer Größe und relativ leichten Zugänglichkeit für künstliche Eingriffe bilden sie die wichtigsten Objekte der experimentellen Entwicklungsphysiologie, wodurch sie unsere Kenntnisse über die Grundlagen der komplizierten Entwicklungsvorgänge bei den Wirbeltieren außerordentlich erweitert und vertieft haben, worauf hier jedoch nicht eingegangen werden kann. Animaler und vegetativer Pol sind in der Regel schon am unbefruchteten Ei durch die Pigmentierung der animalen Hälfte zu erkennen. Die 1. meridionale Furche (Abb. 93a), die etwa der Medianen entspricht, und die 2. ebenfalls meridionale (b), teilen das Ei in 4 Blastomeren. Die 3., die senkrecht zu den beiden ersten, also äquatorial, verläuft, liegt wegen des größeren Dotterreichtums der vegetativen Eihälfte dem animalen Pol näher als dem vegetativen, so daß jetzt 4 animale kleinere Zellen (Mikromeren) und 4 größere vegetative (Makromeren) entstanden sind (c). Die nächsten Furchen, die wieder meridional verlaufen, führen zum 16-Zellenstadium (d), zeigen jedoch Unregelmäßigkeiten, die sich im weiteren Verlauf der Furchungen steigern. In der Folge wechseln Äquatorial- und Meridionalfurchen miteinander

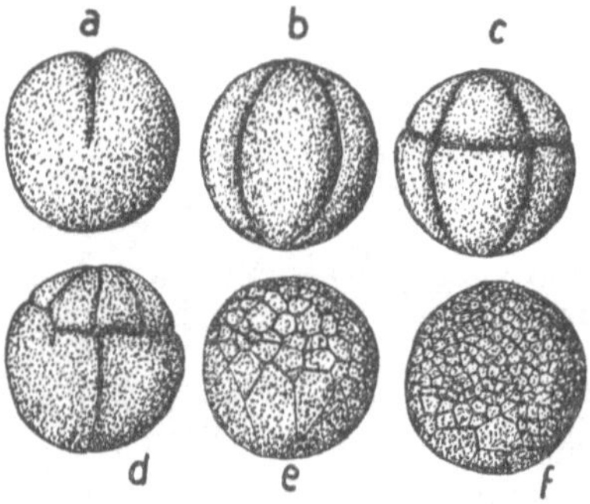

Abb. 93. Die ersten Furchungsschritte am Ei von *Rana*. — (Nach Klingelhöffer.)

ab, und zwar schneller und zahlreicher in den animalen als in den vegetativen Teilen des Eies, so daß ein rundlicher Keim entsteht, der aus sehr vielen kleinen animalen und wenigen großen vegetativen Zellen besteht (e, f). Etwa vom 8-Zellenstadium an bildet sich im Inneren eine Furchungshöhle, die wegen der verschiedenen Größen der Makro- und Mikromeren in der animalen Hälfte liegt. Es ist jetzt eine Blastula entstanden, deren Wand zunächst

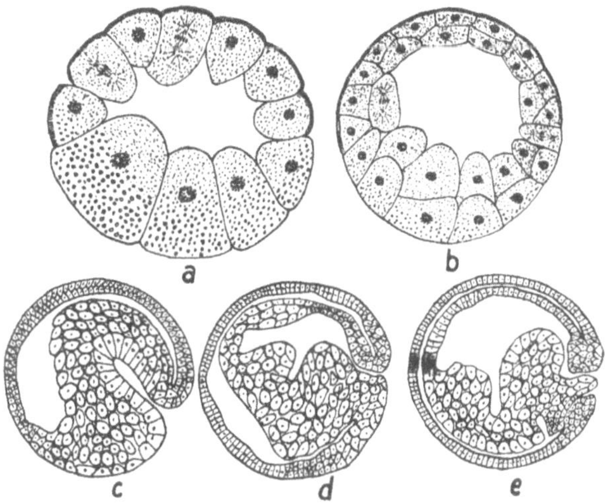

Abb. 94. Keimblätterbildung am Ei von *Rana*. — (Nach verschiedenen Autoren.)

einschichtig ist (Abb. 94a), durch tangentiale Teilung der sie bildenden Zellen jedoch bald zweischichtig wird (b). Die Gastrulation erfolgt einmal durch Einstülpung der Oberfläche an einer hinteren Stelle an der Grenze zwischen Mikro- und Makromeren, wodurch der Blastoporus oder Urmund entsteht, der in den Urdarm führt. Andererseits umwachsen die Mikromeren von der vorderen Keimseite her die vegetative Hälfte und drängen dadurch die Makromeren ins Innere (c). Durch das Fortschreiten dieser beiden Prozesse entsteht ein Keim, dessen äußere Be-

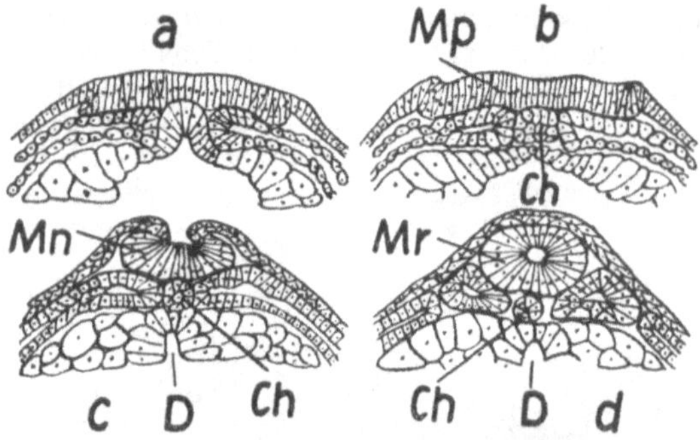

Abb. 95. Organbildung bei einem *Trituruskeim*. — *Ch* Chordaanlage, *D* Darmanlage, *Mn* Medullarrinne, *Mp* Medullarplatte, *Mr* Medullarrohr. (Nach Meisenheimer.)

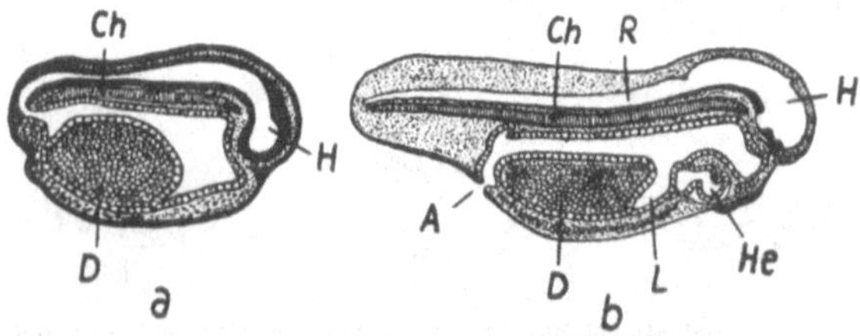

Abb. 96. Längsschnitte durch *Rana*-Embryonen. — a) Beginn der Schwanzknospenbildung, b) Nach Durchbruch des Afters. *A* After, *Ch* Chorda, *D* Dotter, *H* Hirn, *He* Herz, *L* Leberanlage, *R* Rückenmark. (Nach Klingelhöffer.)

deckung — das Ektoderm — aus den animalen Mikromeren hervorgegangen ist (d, e). Das Innere wird von dem Entoderm ausgekleidet, das dorsal einschichtig ist und ventral aus der Masse der mit Dotter erfüllten Makromeren besteht, die in Form des Dotterpfropfes den Urmund z.T. verschließen (e). In der dorsalen Urmundlippe liegt ein Differenzierungszentrum (der „*Spemann*sche *Organisator*"), von dem aus die Entwicklung gelenkt wird. Sie äußert sich jetzt darin, daß sich Ektodermzellen zwischen Ekto- und Entoderm einschieben und in Platten ausbreitend das Mesoderm bilden. Gleichzeitig differenziert sich aus dem dorsalen Entoderm die Chorda zu einem Rohr, und das Ektoderm über ihr verdickt sich zur Medullarplatte, die sich zum Medullarrohr schließt (Abb. 95), das sich vorn zur Gehirnblase erweitert. Der Embryo hat sich nun in die Länge gestreckt und beginnt eine Schwanzknospe zu bilden (Abb. 96a). Der Blastoporus öffnet sich zum After, der vordere Teil des Darmes differenziert sich zum Pharynx, an dem später der Mund durchbricht, und die übrigen Organe entwikkeln sich (b). Es ist eine Larve entstanden, die bei vielen Amphibien etwa in diesem Zustand die Eihülle verläßt.

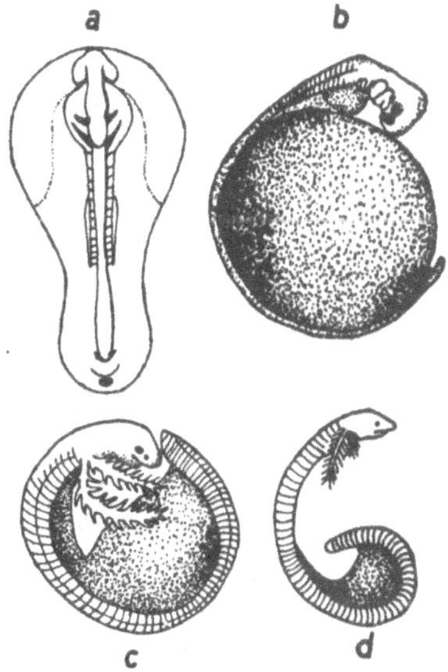

Abb. 97. Embryonen von Gymnophionen. — a) Keimscheibe von *Hypogeophis rostratus* (Gehirn, Rückenmark, Augenblasen, Kiemenspalten, Ursegmente, After), b) und d) ältere Stadien von *H. rostratus*, c) von *H. alternans*. (Nach Korschelt-Heider.)

Bei den Gymnophionen bedingt der große Dotterreichtum der Eier einen anderen Furchungsmodus. Es entwickelt sich eine zellenreiche Keimscheibe (Abb. 97a), die sich sehr in die Länge streckt und um die kugelförmige Dottermasse herumwächst (b). Mit dem allmählichen Verbrauch des Dotters differenziert sich der Keim zur Larve mit großen äußeren Kiemen (c, d), die jedoch vor dem Schlüpfen zurückgebildet und durch innere Kiemen ersetzt werden, mit denen die Larven atmen, wenn sie im Wasser leben (z. B. *Ichthyophis*). Bei Formen, bei denen die Jungen auf dem Lande bleiben, atmen sie durch Lungen.

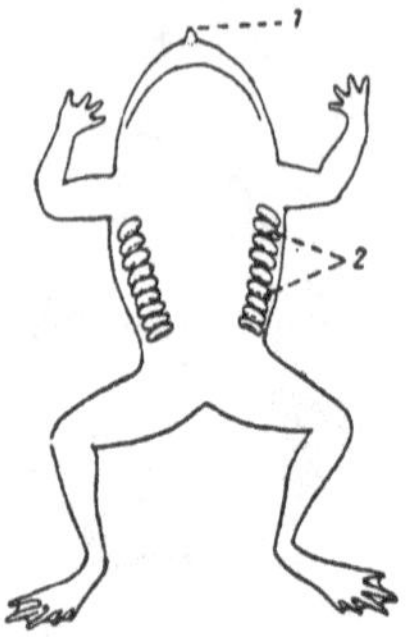

Abb. 98. Frisch geschlüpfte *Rana buformis*. — 1 Eizahn, 2 Bauchfalten. (Nach Hilzheimer.)

Die Larven der Anuren — die Kaulquappen — können in verschieden weit entwickelten Zuständen die Eihüllen verlassen, entweder, indem sie mit Sekreten (vielleicht aus den Spinnwarzen oder aus speziellen Drüsen) die Hüllen auflösen (z. B. *Bufo*) oder durch Muskelbewegungen sprengen. Einige Formen machen auch die ganze Entwicklung im Ei durch und schlüpfen als völlig verwandelte Tiere, wie *Rana buformis* von den Salomonen, bei der die kleinen Frösche durch Reihen von Bauchfalten (die als embryonale Atemorgane gedeutet werden) und durch einen Eizahn zum Durchbohren der Eihüllen ausgezeichnet sind (Abb. 98). Bei den meisten deutschen Anuren findet das Ausschlüpfen in einem Stadium statt, in dem Mund und After noch geschlossen sind, die Spinnwarzen (Abb. 17) schon funktionieren und die Kiemen hervorzusprossen beginnen (Abb. 99a). Die Larven heften sich mittels der Spinnwarzen an die Eihüllen, an Pflanzen u. dgl. oder bewegen sich durch Flimmerschlag (s. S. 24). Es erfolgt nun ein schnelles Längenwachstum des Schwanzes, ein breiter Flossensaum bildet sich aus, die Kiemen vergrößern sich zu fingerförmigen Anhängen, Mund und After brechen durch (Abb. 96). Dann schwinden die Spinnwarzen, die Augen werden deutlich, und es wächst eine Hautfalte (Opercularfalte) von vorn über die sich zurückbildenden äußeren Kiemen (Abb. 99b). Die Opercularfalte überwächst schließlich die ganze Kopfregion

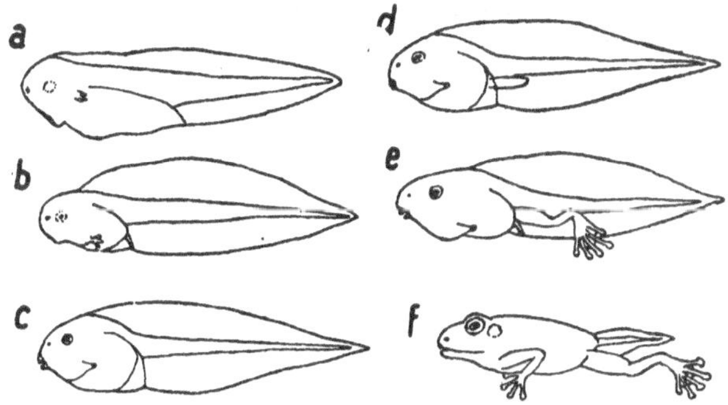

Abb. 99. Entwicklungsstadien von *Hyla arborea*. — a) 5 Tage alte Larve, b) 8 Tage alte Larve, c) 34 Tage alte Larve, d) Larve mit Beinknospen, e) Larve mit Hinterbeinen, f) junger Frosch. — (a—c nach Herter.)

und bildet eine Kiemenhöhle, in der die inneren Kiemen entstehen, und die durch das Spiraculum mit der Außenwelt in Verbindung steht (s. S. 62). Hornkiefer und Lippenzähne entwickeln sich (Abb. 99c) und die Larven gehen zu ihrer arteigentümlichen Ernährungsweise über (s. S. 57). Bei den *Xenopus*larven haben sich zwei lange „Bartfäden" unbekannter Funktion auf der Oberlippe ausgebildet (Abb. 19). Allmählich beginnen dann die Gliedmaßen hervorzuwachsen, und zwar treten zuerst die hinteren in Form von Knospen unterhalb der Schwanzwurzel in Erscheinung (d), aus denen sich die gegliederten Extremitäten differenzieren (e). Gleichzeitig bilden sich auch die Vordergliedmaßen aus, was jedoch nicht zu sehen ist, da es in der Kiemenhöhle erfolgt. Nach einem artlich verschieden langen Larvenleben (in Deutschland in der Regel 3—4 Monaten) beginnt die **Metamorphose**, die meist nur einige Tage dauert. Die Vorderbeine brechen durch, die Kiemen werden zurückgebildet und die Lungenatmung, die oft schon vorher einsetzte, erlangt die Vorherrschaft, womit grundlegende Veränderungen im Blutkreislauf eintreten (s. S. 68). Die Hornkiefer fallen ab, und der Mund bildet sich zum breiten „Froschmaul“ um. Der Schwanz wird abgebaut (f) und sein Material durch Autolyse und Phagozytose aufgelöst und zur Ernährung gebraucht, da während der Mund- und Darmumbildung

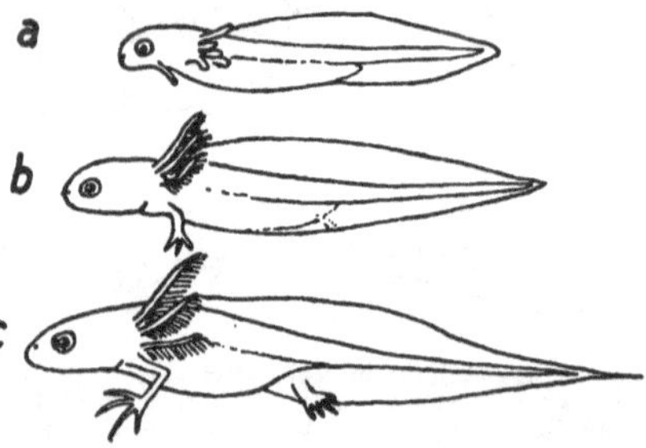

Abb. 100. Entwicklungsstadien von *Triturus cristatus*. — a) frisch geschlüpfte Larve, b) etwa 12 Tage alte Larve, c) etwa 5 Wochen alte Larve. (Nach Klingelhöffer.)

die Tiere nicht zur aktiven Nahrungsaufnahme fähig sind. Die Haut nimmt die Beschaffenheit der Erwachsenen an, und die kleinen Anuren gehen aufs Land.

Bei den Urodelen schlüpft die Larve im allgemeinen schon mit einem Ruderschwanz und äußeren Kiemen aus der Eihülle, und die Vorderextremitäten sind als kleine Beinknospen zu erkennen (Abb. 100a). Die Anheftung am Substrat geschieht mit Hilfe der Balancer oder *Rusconi*schen Häkchen (s. S. 25), die jedoch bald rückgebildet werden, während sich die Vorderbeine schnell zu funktionsfähigen Lokomotionsorganen differenzieren und die Kiemen sich vergrößern (b). Der Mund hat sich geöffnet und Zähne entwickelt und wird bald zum Ergreifen und Verschlingen kleiner Beutetiere benutzt. Später erscheinen die Hinterbeine (c). Bei der Metamorphose bilden sich die Kiemen und der Flossensaum zurück, die Extremitäten werden kräftiger, die Haut verändert sich und der kleine Molch oder Salamander beginnt mit dem Landleben. Manche Molche sollen auch nach der Verwandlung im Wasser bleiben.

Die weitere Entwicklung der Amphibien besteht in der Hauptsache in einem Größenwachstum und der Erlangung der Geschlechtsreife, die bei Anuren meist erst nach einigen Jahren erreicht wird; z.B. bei *Rana temporaria* nach dem 3.–4., bei *Pelobates fuscus* nach dem 2. Jahr. *Triturus cristatus* soll in der Gefangenschaft schon nach 1–1½ Jahren fortpflanzungsfähig werden können. Einzelne Amphibien sind in Gefangenschaft sehr lange gehalten worden: *Salamandra salamandra* über 10, *Triturus alpestris* 15, *Bombina bombina* 19, *Hyla arborea* 22, *Triturus pyrrhogaster* und *Siren lacertina* 25, *Amphiuma means* 26, *Bufo bufo* 36 und *Megalobatrachus maximus* 52 Jahre.

B. SYSTEMATISCHER TEIL

1. Das natürliche System der Lurche

1. Ordnung: Blindwühlen *(Gymnophiona, Apoda)*,
   Familie: *Caeciliidae*,

2. Ordnung: Schwanzlurche *(Urodela, Caudata)*,
   1. Unterordnung: *Cryptobranchoidea*,
   2. Unterordnung: *Ambystoidea*,
   3. Unterordnung: *Salamandroidea*,
   4. Unterordnung: *Proteida*,
   5. Unterordnung: *Meantes*,

3. Ordnung: Froschlurche *(Anura, Ecaudata)*,
   1. Unterordnung: *Amphicoela*,
   2. Unterordnung: *Opisthocoela*,
   3 Unterordnung: *Anomocoela*,
   4. Unterordnung: *Procoela*,
   5. Unterordnung: *Diplasiocoela*.

2. Überblick über das System

1. Ordnung: Blindwühlen *(Gymnophiona, Apoda)*

Langgestreckt, wurmförmig, ohne Extremitäten. Schwanz sehr kurz oder fehlend. Die in Ringeln angeordneten Hautfalten entsprechen bei den Larven den Körpersegmenten. Meist kleine Kalkschuppen in der Lederhaut. Wirbel amphicöl. Linke Lunge rückgebildet. Kloake des Männchens dient als Begattungsorgan (Abb. 77). Mittelohr und Trommelfell fehlen. Am Kopf Tentakel (s. S. 33/34). Lidlose verkümmerte Augen, die oft unter der Haut oder den Schädelknochen liegen. Schädel massiv

Abb. 101. Embryo von *Thyphlonectes compressicauda*. (Nach Wiedersheim.)

verknöchert. Fossilfunde fehlen. Viele primitive Merkmale (besonders am Schädel) weisen auf Abstammung von karbonischen Amphibien *(Lepospondyli)* hin. Starke Anpassungen an wühlende Lebensweise. Ernähren sich von Würmern u. dgl., größere Arten auch von Schlangen und Wasserformen von Fischen. Tropen der Alten und Neuen Welt. Nur eine Familie.

Familie: *Caeciliidae: Ichthyophis glutinosus*, Ceylanische Blindwühle: Indien, Ceylon, Große Sundainseln. Braun mit gelben Seitenbändern. Bis 38 cm. Schlangenfresser. Brutpflege (s. S. 95). Larven im Wasser mit inneren Kiemen. *Caecilia*, Wurmwühlen: *C. gracilis:* Nördliches Südamerika. *C. pachy-*

nema: Ecuador. Fast 1 m lang. Große Zähne im Unterkiefer. *Hypogeophis rostratus*, Erdwühle: Seychellen. Brutpflege. Keine Metamorphose. Junge nicht im Wasser. *Dermophis*, Dickhautwühlen: *D. thomensis:* Golf von Guinea (St. Thomé). Larvengebärend. *D. mexicanus:* Zentralamerika. *Herpele squalostoma:* Westafrika. Augen unter Schädelknochen. *Siphonops*, Ringelwühlen: *S. annulatus:* Guayana, Nordbrasilien, Ecuador, Peru. Brutpflege. *S. brasiliensis:* Vivipar. Keine Metamorphose. *Thyphlonectes*, Wasserwühlen: Körper seitlich zusammengedrückt. Im Wasser. Vivipar. *T. compressicauda:* Guayana, Venezuela, Nordbrasilien. Bis 50 cm. Larven ohne äußere Kiemen. Embryonen mit großen Kiemenlappen (Abb. 101). *T. natans:* Kolumbien. Schuppenlos. Vorspringende Schnauze, platter Kopf. Larven ohne äußere Kiemen. *T. kaupii:* Kleinste Art (bis 26 cm). 4—5 mm hoher Rückenkamm.

2. Ordnung: Schwanzlurche *(Urodela, Caudata)*

Körper nackt, gestreckt, mit Schwanz. Stets mit einem vorderen und fast immer mit einem hinteren Gliedmaßenpaar. In der Regel 4 Finger und 5 Zehen. Einige Wasserformen zeitlebens mit äußeren oder inneren Kiemen oder bleibenden Kiemenspalten. Mittelohr und Trommelfell fehlen. Larven (mit äußeren Kiemen und Zähnen auf beiden Kiefern) ähneln den Erwachsenen und entwickeln die Vorder- vor den Hintergliedmaßen. Die *Caudata* zeigen Beziehungen zu der Stegocephalenunterordnung der *Phyllospondyli* aus dem Karbon und Perm; jedoch dürfte diese wohl kaum als die ursprünglichste Amphibiengruppe anzusehen sein. Die meisten fossilen Urodelenreste sind aus Süßwasserablagerungen des jüngeren Tertiär bekannt, wie der über 1 m lange *Megalobatrachus (Andrias) scheuchzeri* aus dem badischen Miozän, der dem rezenten japanischen *M. maximus* sehr ähnlich gewesen sein muß. Durch Fossilfunde ist belegt, daß sämtliche rezente Urodelenunterordnungen bereits zu Beginn des Tertiärs vertreten waren, so daß die Schwanzlurche eine sehr alte Wirbeltiergruppe sein müssen. Man kann die rezenten Urodelen in 5 Unterordnungen[1]) einteilen. (Die frühere Teilung in Perennibranchiaten, Derotremen und Salamandriden ist unzulässig, weil die beiden ersten Gruppen (Ichthyoden) durch Neotonie (s. S. 75/76) aus Salamandridenverwandten hervorgegangen sind.)

---

[1]) Nach Noble.

1. Unterordnung: *Cryptobranchoidea*

Erwachsen ohne Kiemen. Augenlider fehlen. Wirbel amphicöl. Keine Spermatophoren. Befruchtung der Eier außerhalb des mütterlichen Körpers.

1. Familie: *Hynobiidae* (Winkelzahnmolche): Gaumenzähne in V-förmigem Bogen. Meist nur 4 Zehen. Primitivste rezente Urodelen. Meist Landtiere. Asien. *Hynobius keyserlingii:* Si-

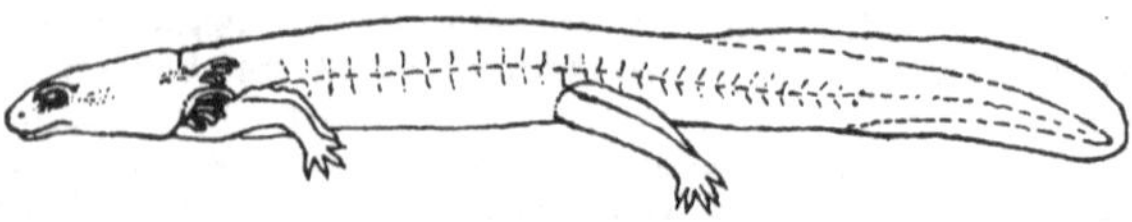

Abb. 102. Larve von *Onychodactylus japonicus*. — (Nach Noble.)

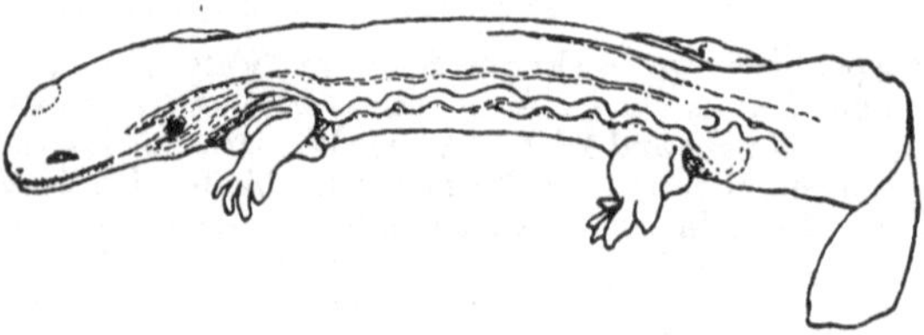

Abb. 103. *Cryptobranchys alleghaniensis*. — (Nach Noble.)

birien, vom Ural bis Kamtschatka und von der Mandschurei bis Werchojansk (66°n.Br.). Nördlichste Urodelenart. Schwanz seitlich zusammengedrückt. Eier in gallertigen Säcken an Pflanzen aufgehängt, so daß ein Teil ins Wasser taucht. *Ranodon sibiricus:* China. Bergbachform mit reduzierten Lungen. Eier in Kapseln an Unterseiten von Steinen. *Onychodactylus japonicus:* Japan. Lungenlos. Spitze Hornkrallen an Fingern und Zehen. Larven mit Hautsäumen an den Beinen (Abb. 102).

2. Familie: *Cryptobranchidae:* Seitliche Hautfalten an Körper und Gliedmaßen. Dauernd im Wasser. Männchen brutpflegend. *Megalobatrachus maximus*, Riesensalamander: China und Japan. Größte rezente Amphibienart (über 1 m lang). Gebirgsbäche. *Cryptobranchus alleghaniensis*, Hellbender, Schlammteufel: Östliches Nordamerika. Mit Kiemenloch (Abb. 103). Bis 50 cm lang.

2. Unterordnung: *Ambystoidea*

Erwachsen ohne Kiemen. Augenlider fehlen. Wirbel amphicöl. Gaumenzähne in querem Bogen. Innere Befruchtung. Nur 1 Familie.

Familie: *Ambystomidae* (Querzahnmolche): Nord- und Zentralamerika (16 Arten) und Siam (1 Art). Bekannteste Art: *Ambystoma tigrinum* (Abb. 104): Die Larve — der Axolotl

Abb. 104. a) *Ambystoma tigrinum*. (Nach Noble.) b) *Ambystoma*-Larve.

(*Siredon pisciformis*) — pflanzt sich fort und verwandelt sich nur unter besonderen Umständen. *A. opacum:* Weibchen legt Eier auf dem Lande, um die es sich ringelt. *Dicamptodon ensatus* (= *A. tenebrosum*)*:* Britisch-Columbien und Südkalifornien. Größter Landsalamander (etwa 27 cm lang). *Rhyacotriton olympicus:* Washington. Bergbachform mit reduzierten Lungen. Legt Eier einzeln an Steine.

3. Unterordnung: *Salamandroidea*

Erwachsen mit Zähnen auf dem Gaumendach hinter den Choanen. Wirbel amphi- oder opisthocöl. Innere Befruchtung.

1. Familie: *Salamandridae:* Erwachsen ohne Kiemen und Kiemenlöcher. Mit Augenlidern. Wirbel opisthocöl. Gaumenzähne in 2 Längsreihen. *Tylotriton andersoni* (Abb. 105): Riu-

Kiu-Inseln. Primitiver Salamandride. Rippenenden durchbohren die Haut. Landtier. *Pleurodeles waltl*, Rippenmolch: Südspanien und Marokko. Rippenenden durchbohren die Haut. Wassertier. Männchen mit Brunftschwielen auf den Armen.

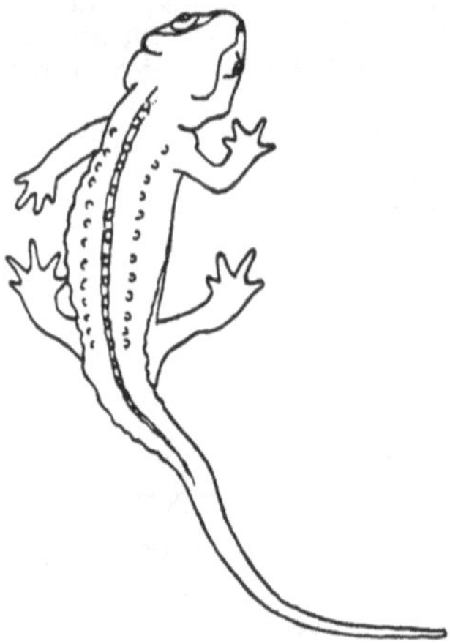

Abb. 105. *Tylotriton andersoni.* — (Nach Klingelhöffer.)

Abb. 106. Begattung von *Euproctus asper.* — (Nach Klingelhöffer.)

Euproctus, Europäische Bergbachmolche: Ohne Rückenkämme. Männchen mit Sporn oder scheibenartiger Erweiterung an den Unterschenkeln. Umschlingen die Weibchen bei der Begattung mit den Schwänzen (Abb. 106). *E. montanus:* Korsika. *E. asper:* Spanische Gebirge. *E. platycephalus* (= *rusconi)*, Hechtkopftriton: Sardinien. *Triturus*, Wassermolche: Meist mit Rückenkamm, der beim Männchen zur Brunftzeit stärker entwickelt ist als beim Weibchen. Oft nur zur Fortpflanzungszeit im Wasser. *T. pyrrhogaster*, Feuerbauchmolch: Japan und China. Starke Ohrdrüsen. Bauch karminrot. *T. torosus*, Kalifornischer Wassermolch: Westliches Nordamerika. Bis 18 cm lang. Rauhhäutig. Bauch gelb. *T. viridescens*, Grünlicher Wassermolch: Östliches Nordamerika. Bis 11 cm lang. Olivengrün mit roten schwarz umsäumten Flecken. Männchen umklammert bei der Paarung das Weibchen mit den Hinterbeinen (s. S. 91). *T. cristatus*, Kammolch: Europa, Westasien. Größte deutsche Art (bis 18 cm lang). Grobkörnige Haut. Unterseite gelb mit schwarzen Flecken. Männchen in Brunft mit sehr hohem gezacktem Rückenkamm (Abb. 74). Larven mit sehr langen Zehen und langer Schwanzspitze. *T. c. carnifex:* Alpen und Italien. Junge und Weibchen mit gelber Rückenlinie. *T. c. danubialis:* Donaugebiet. Sehr langer Rumpf. *T. marmoratus*, Marmormolch: Frankreich, Spanien, Portugal. Olivengrün, schwarz marmoriert. Männchen mit glattem Rückenkamm. Bastarde mit *T. cristatus: T. blasii* und *T. troussarti* (s. S. 101). *T. vittatus*, Bandmolch: Kaukasus, Kleinasien, Syrien. Gebirge. Bis 15 cm lang. Weißes Längsband an den Körperseiten. Unterseite Orangegelb. Männchen mit hohem gezacktem Rückenkamm und Hautfalten an den Unterschenkeln. *T. alpestris*, Berg- oder Alpenmolch: Mitteleuropa, Balkanhalbinsel, Norditalien. Vorwiegend im Gebirge. Bis 11 cm lang. Oben graublau, unten orange. Männchen mit glattem niedrigem Kamm. *T. a. reiseri:* Nur im Prokoskosee in Bosnien (2000 m hoch). Robust und großköpfig. *T. vulgaris*, Streifenmolch, kleiner Teichmolch: Europa, Westasien. Bis 9 cm lang. Männchen in Brunft mit hohem welligem Kamm und Lappen an den Zehen (Abb. 7d). Unterseite orange mit schwarzen Punkten. Kopf gestreift. Weibchen braun. *T. v. kapelanus* (= *meridionalis*): Italien, Südtirol, Dalmatien. Kanten an den Rückenseiten. Schwanzfaden. *T. v. graeca:* Griechenland, Süd-Dalmatien. Schwanz abgestutzt, mit Faden. *T. helveticus*, Leisten- oder Fadenmolch: Westeuropa. Rückenleisten, Schwanzfaden (Abb. 75). Schwimmhäute an Hinterfüßen. *T. italicus:* Süditalien. Kleinster europäischer Molch (bis 7,5 cm lang). *T. montandoni*, Karpathenmolch: Rumänien, Galizien, Ungarn, Mähren. Unterseite einfarbig orange. Männchen mit meist scharf abgesetztem Schwanzfaden, ohne Kamm. Weibchen ähnelt dem von *T. alpestris*. *T. boscai:* Spanien, Portugal. Ohrdrüsen deutlich. Schwanz ohne Faden. *Salamandrina terdigitata*, Brillensalamander: Italien. Gebirge. Landtier. Bis 8 cm lang. Lungen rudimentär. Nur 4 Zehen. Oberseite schwarz mit hellem Winkel zwischen den Augen („Brille"). Eier werden im Wasser an Steinen abgelegt. *Salamandra salamandra*, Feuersalamander: Mittel- und Südeuropa, Nordwestafrika, Westasien. Besonders in Mittelgebirgswäldern. Landtier. Schwarz mit gelben Flecken oder Streifen (*S. s. taeniata* in Teilen Westeuropas). Gebiert (bis zu 70) Larven in Gebirgsbächen. *S. atra*, Alpensalamander (Abb. 2a): Alpen, Fiumaner Karst, Herzegowina, Westbalkan. Im Gebirge, meist über 1000—2850 m hoch. Ganz schwarz. Landtier. Gebiert 1—2 völlig entwickelte

Junge (s. S. 95). Tragzeit bis zu 4 Jahren. *S. caucasica*, Kaukasussalamander: Kaukasus. Gebirgstier. Sehr langschwänzig. Männchen mit Sporn auf der Schwanzwurzel (s. S. 89). *Chioglossa lusitanica*, Goldstreifensalamander: Spanien, Portugal. Landtier. Schleuderzunge. Sehr langschwänzig. 2 metallisch glänzende Längsbinden. Sehr beweglich.

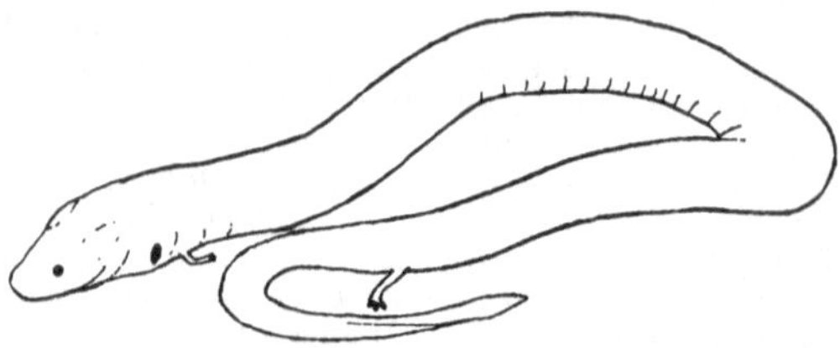

Abb. 107. *Amphiuma means*. — (Nach Noble.)

2. Familie: *Amphiumidae:* Mit Kiemenloch. Augenlider fehlen. Wirbel amphicöl. *Amphiuma means*, Aalmolch: Louisiana und Mississippigebiet. In stehenden Gewässern. Aalförmig (über $^3/_4$ m lang). Kleine 2- oder 3 zehige Füße (Abb. 107). Weibchen übt Brutpflege aus (s. S. 95/96).

3. Familie: *Plethodontidae:* Erwachsen ohne Kiemen und Kiemenlöcher. Mit Augenlidern. Gaumenzähne in 2 Querreihen auf dem hinteren Teil des Pflugscharbeins. Zahntragende Platte auf dem Parasphenoid. Wirbel amphi- oder opisthocöl. Lungenlos. *Gyrinophilus porphyriticus*, Porphyrsalamander: Alleghanygebirge. Rötlich, graubraun marmoriert. Gebirgsbäche. *Pseudotriton ruber*, Roter Wiesensalamander: Oststaaten von Nordamerika. Rot mit schwarzen Punkten. Gebirgstier. Eier werden an Unterseiten von Steinen an Stielen befestigt. *Euryceca bislineata*, Zweistreifensalamander: Oststaaten von Nordamerika. In Bächen. Sehr langschwänzig. Gelblich mit schwarzen Zeichnungen. *Typhlotriton spelaeus*, Blinder Höhlensalamander: Missouri und Arkansas. In Höhlen. Zusammengewachsene Augenlider. Kaum pigmentiert. *Typhlomolge rathbuni*, Brunnenmolch: Texas. In Höhlengewässern. Augen unter der Haut. Fleischfarben. Mit äußeren Kiemen und langen und dünnen Gliedmaßen (Abb. 108). Wohl

neotenische Larve eines Plethodontiden. *Desmognathus fuscus*, Brauner Bachsalamander: Östliches Nordamerika. Sehr häufig. Unter Steinen an Bächen. Braun, dunkler marmoriert. Die Eier werden in Trauben von 16—20 Stück auf dem Lande abgelegt und vom Weibchen umschlungen. *Plethodon cinereus*, Aschgrauer Erdsalamander: Östliches Nordamerika und Kanada.

Abb. 108. *Typhlomolge rathbuni*. — (Nach Noble.)

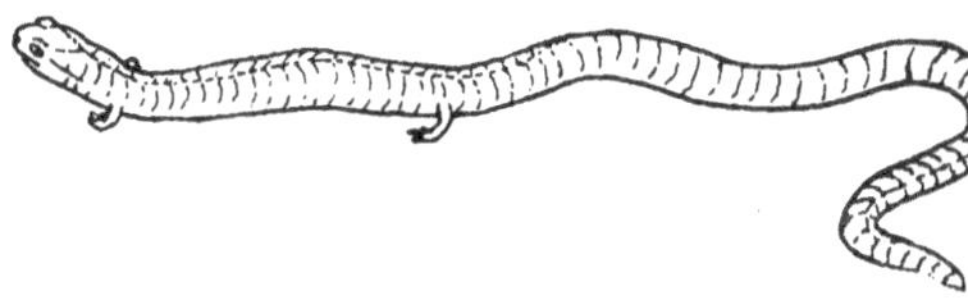

Abb. 109. *Batrachoseps attenuatus*. — (Nach Noble.)

Innennfinger und Zehen stummelförmig. Landtier. Brutpflege. *Pl. glutinosus*, Silbersalamander: Östliches Nordamerika. Schwarz mit grauen Flecken. *Hemidactylium scutatum*, Vierzehensalamander: Golfstaaten bis Michigan und Arkansas. Nur 4 Zehen. Landtier. Weibchen ringelt sich um die Eier. *Batrachoseps attenuatus*, Wurmsalamander (Abb. 109): Kalifornien. Landtier. Sehr lang mit außerordentlich langem Schwanz und schwachen Gliedmaßen mit je 4 Fingern und Zehen. *Ensatina eschscholtzi*, Oregonerdsalamander: Kalifornien und Oregon. Oben braun, unten orange. Mit dickem Schwanz. *Aneides (Autodax) lugubris*, Alligatorsalamander: Kalifornien. Große Zähne (s. S. 56). Sehr schnell. Kann springen. In Baumlöchern. Eier werden vom Weibchen bewacht. *Hydromantes genei*, Brauner Höhlensalamander: Seealpen, Norditalien *(H. g. italicus)*, Sardinien *(H. g. genei)*. Braun mit gelblichen Flekken. Schleuderzunge (s. S. 54). In Felsenspalten, Höhlen usw. Gebiert voll entwickelte Junge. *Oedipus belii:* Mexiko. Schwarz mit ziegelroten Flecken. Schleuderzunge. Träge.

4. Unterordnung: *Proteida*

Auch Erwachsene mit äußeren Kiemen. Augenlider fehlen. Wirbel amphicöl. Ohne Oberkiefer. Permanente Larvenformen. *Proteus anguinus*, Grottenolm (Abb. 110): Krain, Illyrien, Istrien. In unterirdischen Gewässern. Augen verkümmert, unter der Haut. Gliedmaßen kurz. Vorn 3, hinten 2 Zehen.

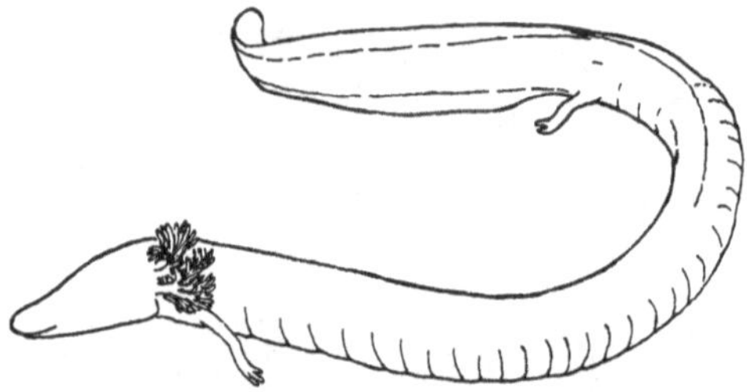

Abb. 110. *Proteus anguinus*. — (Nach Werner.)

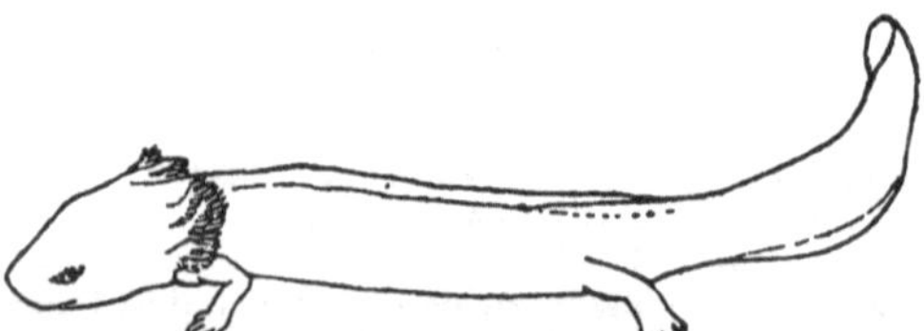

Abb. 111. *Necturus maculosus*. — (Nach Noble.)

Weiß oder fleischfarbig mit roten Kiemen. Lebendgebärend (2 Junge). Fakultativ eierlegend. *Necturus maculosus*, Furchenmolch (Abb. 111): Östliches Nordamerika und Kanada. Bis 40 cm lang. 2 Kiemenspalten jederseits. Grau mit dunklen Flecken.

5. Unterordnung: *Meantes*

Auch Erwachsene mit äußeren Kiemen. Augenlider fehlen. Wirbel amphicöl. Ohne Oberkiefer. Maul mit Hornschnabel. Ohne Hintergliedmaßen. Vorderbeine mit 3 oder 4 Fingern.

Permanente Larvenformen. *Siren lacertina*, Armmolch (Abb. 112): Südöstliches Nordamerika. Mit 3 Kiemenlöchern und 4 Fingern. Grauschwarz. Bis 75 cm lang. *Pseudobranchus striatus:* Georgia. Mit einer Kiemenspalte und 2 gelben Längsbändern.

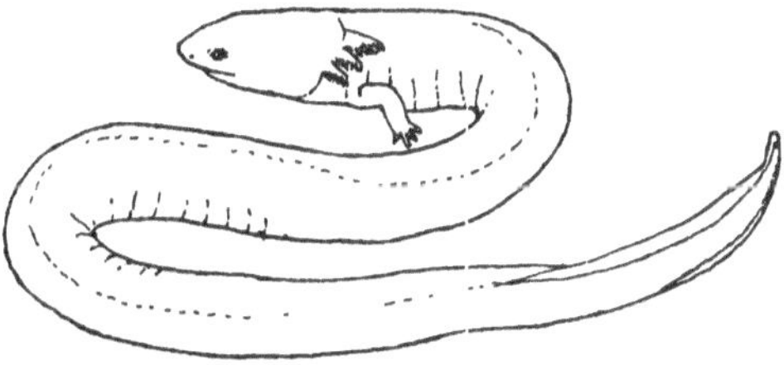

Abb. 112. *Siren lacertina*. — (Nach Noble.)

3. Ordnung: Froschlurche *(Anura, Ecaudata)*

Körper nackt, gedrungen, erwachsen ohne Schwanz. 2 Gliedmaßenpaare, von denen das hintere meist kräftiger und länger und zum Springen geeignet ist *(Salientia)*. 4 Finger und 5 Zehen. Meist große Mundspalte und große Augen mit Lidern. Mittelohr und Trommelfell meist vorhanden. Große Lymphräume unter der Haut (s. S. 13). Larven — Kaulquappen — leben in der Regel im Wasser, haben Ruderschwänze und Hornkiefer (s. S. 12) und meist zuerst äußere und dann innere Kiemen (s.S. 106/107). Die Hintergliedmaßen entwickeln sich früher als die Vordergliedmaßen. Die ältesten Fossilreste stammen aus dem oberen Jura Spaniens *(Montsechobatrachus)* und Wyomings *(Eobatrachus)*. Eine stammesgeschichtliche Ableitung der rezenten Unterordnungen von bestimmten fossilen Gruppen ist z.Z. noch nicht möglich. Die Gliederung der rezenten Formen in *Aglossa* (ohne Zungen) und *Phaneroglossa* (mit Zungen) und der letzten in *Arcifera* (Schiebbrustfrösche) und *Firmisternia* (Starrbrustfrösche) ist jetzt aufgegeben (s. S. 22). Man teilt die Anuren (oder *Salientia)* heute hauptsächlich nach der Beschaffenheit der Wirbel (Abb. 113) in 5 Unterordnungen (Noble).

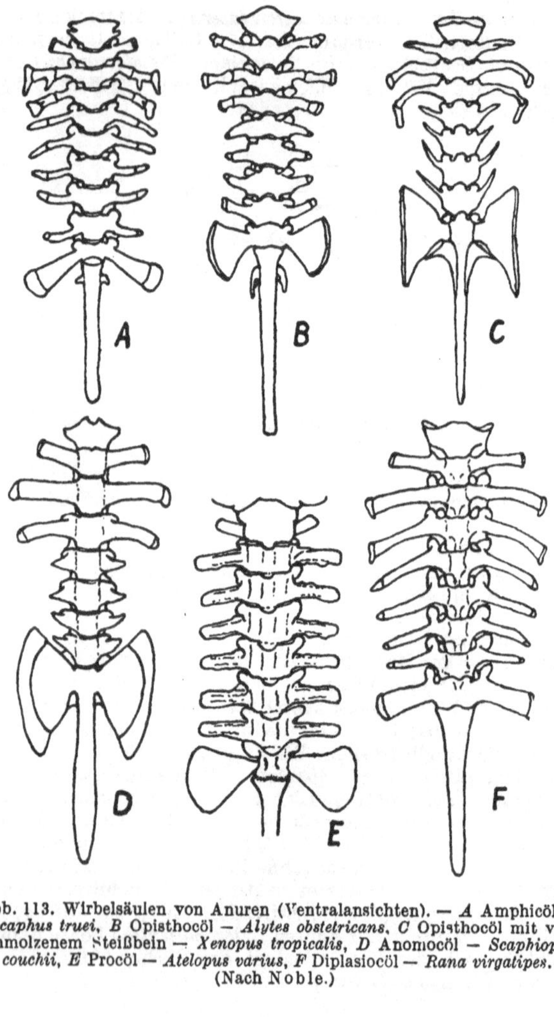

Abb. 113. Wirbelsäulen von Anuren (Ventralansichten). — *A* Amphicöl — *Ascaphus truei*, *B* Opisthocöl — *Alytes obstetricans*, *C* Opisthocöl mit verschmolzenem Steißbein — *Xenopus tropicalis*, *D* Anomocöl — *Scaphiopus couchii*, *E* Procöl — *Atelopus varius*, *F* Diplasiocöl — *Rana virgatipes*. (Nach Noble.)

1. Unterordnung: *Amphicoela*

Wirbel amphicöl (Abb. 113A). Die primitivsten Froschlurche. Nur 1 Familie mit 2 Gattungen.

Familie: *Liopelmidae: Liopelma hochstetteri:* Neuseeland (einziger dort vorkommender Lurch). Ohne Trommelfell und Ohrtube. *Ascaphus truei:* Washington. In Gebirgsbächen. Verborgenes Trommelfell. Männchen mit schwanzartigem Kloakenanhang (Abb. 114), der als Kopulationsorgan dient. Innere Befruchtung.

Abb. 114. *Ascaphus truei.* — Männchen. — (Nach Noble.)

2. Unterordnung: *Opisthocoela*

Praesacralwirbel opisthocöl. Rippen (wenigstens während der Entwicklung) vorhanden (Abb. 113B, C).

1. Familie: *Discoglossidae* (Scheibenzüngler): Sacralwirbel frei. Rippen auch im erwachsenen Zustand (Abb. 113B). Scheibenförmige Zunge. Brustgürtel arcifer. Larven mit medianem Kiemenloch. *Discoglossus pictus*, Bemalter Scheibenzüngler: Südfrankreich, Spanien, Portugal, Korsika, Sardinien, Sizilien, Malta, Marokko, Tunis. Im Wasser. Verborgene Trommelfelle. Oberseite mit dunklen, hell gesäumten Flecken und Bändern. *Bombina* (Unken): Ohne Trommelfelle. Rückenhaut warzig. Große Schwimmhäute. Wassertiere. *B. bombina*, Rotbauch- oder Tieflandsunke: Rußland, Rumänien, Nord-Jugoslawien, Ungarn, Niederösterreich, Ostdeutschland, Dänemark, Südschweden. Nur in der Ebene. Unterseite blaugrau mit orangeroten Flecken. Männchen mit inneren Schallblasen. *B. variegata*, Gelbbauch- oder Bergunke: Frankreich, Belgien, Holland, Italien, Balkan, Rumänien, Ungarn, Österreich, Böhmen, Galizien, Karpathen, West- und Süddeutschland (bis Hannover, Braunschweig, Harz, Thüringen). Vorwiegend in kleinen Tümpeln des Gebirges und Hügellandes. Unterseite gelb, blaugrau marmoriert. Männchen ohne Schallblasen. Bastardierungen zwischen den beiden Arten kommen vor (s. S. 101). *B. orientalis:* Korea, Nordchina, Mandschurei. *B. maximus:* Yünnan. *Alytes obstetricans*, Geburts-

helfer- oder Feßlerkröte, Glockenfrosch: Westdeutschland, Schweiz, Holland, Belgien, Frankreich, Pyrenäenhalbinsel. Landtier. Trommelfelle deutlich. Schallblasen fehlen. Oberseits bräunlich, gräulich oder gelblich mit kleinen Warzen. Männchen betreibt Brutpflege (s. S. 94). *A. cisternasi:* Pyrenäenhalbinsel.

2. Familie: *Pipidae (Aglossa):* Sacralwirbel mit dem Steißbein verschmolzen (Abb. 113C). Rippen in frühen Entwicklungsstadien. Brustgürtel teilweise oder ganz firmistern. Zunge fehlt. Augen meist ohne bewegliche Lider. Larven jederseits mit „Kiemenloch". Wassertiere. *Xenopus* (Krallen- oder Spornfrösche): Zähne im Oberkiefer. Gut entwickelte Seitenorgane (s. S. 32). Innenzehen mit hornigen Krallen. Larven (Planktonfresser, s. S. 59) mit langen „Bartfäden" (s. Abb. 19), die bei den Erwachsenen als kurze Stummel (Augenfühler) erhalten bleiben. *X. laevis:* Tropisches und südliches Afrika (Angola bis Abessinien und bis zum Kap). Bei uns jetzt viel zu endokrinologischen Untersuchungen (Schwangerschaftstest) gezüchtet. *X. muelleri:* Ostafrika. Mit langen Augenfühlern. *X. calcaratus:* Westafrika. Keine Fühler. Kleine Augen. Kleinste Art. *Hymenochirus:* Ohne Zähne und getrennte Augenlider. *H. boettgeri:* West- und Zentralafrika. *H. feae:* Westafrika. *Pseudohymenochirus merlini:* Französisch-Westafrika. Getrennte Augenlider. *Pipa* (Wabenkröten): Ohne Zähne. 1. und 2. Wirbel verschmolzen. Finger mit 4 kleinen Fortsätzen. Die Jungen entwickeln sich in Hautzellen auf dem Rücken des Weibchens (s. S. 98). *P. pipa L.:* Guyana, Nordbrasilien. Bis 20 cm lang. *P. snethlageae*, Zwergpipa: Brasilien. Bis 7,5 cm lang.

3. Unterordnung: *Anomocoela*

Sacralwirbel procöl, mit dem Os coccygis verschmolzen oder frei mit einem Condylus für das Steißbein. Keine Rippen (Abb. 113D). Arcifer. Nur 1 Familie.

Familie: *Pelobatidae* (Krötenfrösche): *Pelobates:* Kopfhaut mit dem Schädel verwachsen. Trommelfelle fehlen. Innerer Fersenhöcker mit Hornschaufel. *P. fuscus*, Knoblauchkröte: Belgien bis über Ural, Südschweden bis Norditalien. Männchen mit Drüsen am Oberarm, ohne Schallblasen. Bis 8 cm lang. Larven bis 18 cm lang (größte deutsche Kaulquappen). Erwachsene am Tage meist vergraben. *P. cultripes*, Messerfuß: Südfrankreich, Spanien, Portugal. Größer, mit sehr großem Fersenhöcker. *P. syriacus:* Kleinasien, Syrien. *Scaphiopus solitarius*, Schaufelfuß: Östliches Nordamerika. Sternum ganz knorplig. *Pelodytes punctatus*, Schlammtaucher: Frankreich, Pyrenäenhalbinsel, Norditalien. Haut warzig. Olivengrün mit dunklen Flecken. *P. caucasicus:* Kaukasusländer. *Megophrys nasuta:* Sundainseln. Oberes Augenlid und Schnauze in Zipfel ausgezogen (Abb. 115). Larven mit nach beiden Seiten verbreitertem Mundfeld. *M. montana:* Sundainseln, Ceylon. *Leptobrachium carinensis:* Burma. Sehr groß mit kräftigen Kiefern. Vermag zu beißen und kleine Säuger zu fressen. *Sooglossus seychellensis*, Seychellenfrosch: Seychellen. Brutpflege s. S. 96).

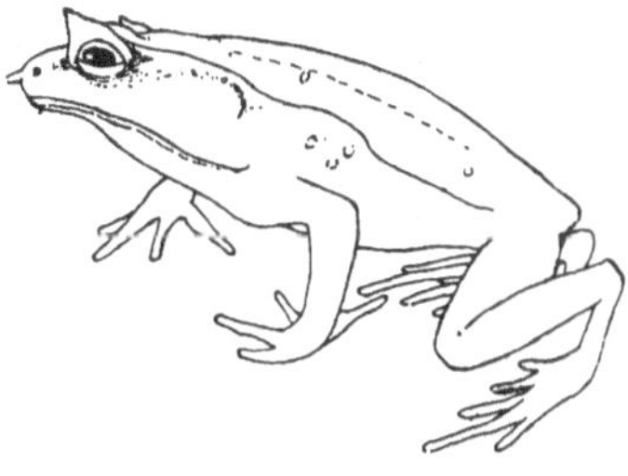

Abb. 115. *Megophrys nasuta.* (Nach Noble.)

4. Unterordnung: *Procoela*

Sacralwirbel frei, procöl, mit doppeltem Condylus für das Os coccygis. Ohne Rippen (Abb. 113E).

1. Familie: *Bufonidae* (Kröten): Brustgürtel arcifer. Sacraldiapophysen zylindrisch oder verbreitert. 8 Praesacralwirbel. Endphalangen meist einfach oder T-förmig.

1. Unterfamilie: *Criniinae* (Australische Kröten): Meist mit Chordarest in den Wirbeln. Sacraldiapophysen mehr oder weniger erweitert. *Crinia laevis:* Australien. Legt Eier in Erdhöhlen. *Limnodynastes dorsalis:* Australien. Schaufelförmige Fersenhöcker. *L. tasmaniensis:* Tasmanien, Neu-Südwales, Queensland. Gelber Rückenstrich. Schaumnest (s. S. 99). *Ranaster:* Neuguinea. Ohne Schwimmhäute. Warzige Haut. *Adelotus brevis:* Australien. Unkenähnlich. Schaumnest (siehe S. 99). *Chiroleptis australis:* Australien. 1. Finger verlängert und den übrigen entgegenstellbar. Großer Kopf und schaufelförmiger innerer Fersenhöcker. *Myobatrachus* und *Notaden:* Australien. Ohne Maxillarzähne. Ähneln äußerlich den echten Kröten *(Bufoninae)*.

2. Unterfamilie: *Heleophryninae:* Endphalangen T-förmig. *Heleophryne:* Südafrika. Haftscheiben an Fingern und Zehen. Larven in Gebirgsbächen.

3. Unterfamilie: *Pseudinae:* Sacraldiapophysen zylindrisch, selten schwach verbreitert. Maxillarzähne meist vorhanden. *Pseudis paradoxa:* Guyana. Grünes Wassertier. Larven bis 28 cm lang. *Calyptocephalus gayi:* Chile. Kopf rauh, ganz knöchern. Augenhöhlen vollständig von Knochen umgeben. Wassertier. Bis 15 cm lang. *C. testudiniceps:* Panama. *Ceratophrys* (Hornfrösche): Groß mit sehr großen Köpfen und meist zipflig verlängerten Augenbrauen. Bunt gefärbt. *C. cornuta:* Nordbrasilien, Guyana. Bis 20 cm lang. Orangerote oder grüne Rückenstreifen. Trommelfelle deutlich. *C. bioei:* Äquatorial-Brasilien. Grün oder orange mit dunklen Flecken. Trommelfelle verborgen. Hautfalten zwischen Augen und Kloake. *C. dorsata,* Schildfrosch: Brasilien. Knochenschild in der Rückenhaut. *C. ornata,* Schmuckhornfrosch: Argentinien. Augenbrauenhörner stumpf. Knöcherner Rückenschild. *C. americana:* Südbrasilien, Ostargentinien bis Paraguay. Nur 4 cm lang. Ohne Augenbrauenhörner. *Borborocoetes nodosus:* Chile. Knorpliges Sternum. *Hylorina sylvatica:* Chile. Finger und Zehen sehr lang (Abb. 116). *Eleuterodactylus martiniensis,* Antillenfrosch: Antillen. Legt Eier in Schaum auf Pflanzen. Eier entwickeln sich direkt zu kleinen Fröschen.

Abb. 116. *Hylorina sylvatica.* (Nach Noble.)

4. Unterfamilie: *Rhinophryninae:* Nur 1 Art. *Rhinophrynus dorsalis,* Nasenkröte (Abb. 117): Mexiko. Ohne Sternum. Kleine Mundöffnung. Zunge vorn frei. Ameisen- und Termitenfresser.

5. Unterfamilie: *Bufoninae* (Echte Kröten): Ohne Maxillarzähne. Sacraldiapophysen verbreitert. *Nectophrynoides vivipara* und *tornieri:* Ostafrika. Lebendgebärend (s. S. 95). *Bufo:* Haut meist warzig. Ohrdrüsen meist gut entwickelt (Abb. 2b). Laich in Schnüren. *Bufo bufo,* Erdkröte: Europa, gemäßigtes Asien (bis Japan), Nordwestafrika. Bis 20 cm lang. Grau, rot oder braun. Häufigste Kröte Deutschlands. *B. viridis,* Wechsel- oder grüne Kröte: Mittel- und Südeuropa (westlich bis etwa zum Rhein), Westasien (bis Tibet), Nordafrika. Grau mit grünen Inselflecken. *B. calamita,* Kreuzkröte: West- und Süd-

westeuropa, von Schweden bis Spanien und von England bis Galizien. Gelbe Rückenlinie. Relativ kurze Hinterbeine. *B. regularis*, Pantherkröte: Ägypten, tropisches und südliches Afrika. *B. mauritanicus*, Berberkröte: Marokko bis Tunis. *B. tuberosus:* Kamerun. Dicke, stachlige Ohrdrüsen. *B. superciliosus:* Kamerun. Glatthäutig. *B. preussi:* Togo. Schwarz. Glatthäutig. *B. carens:* Ostafrika. Rotbraun und glatthäutig. *B. melanostictus*, Schwarznarbenkröte: Indien, Malayischer Archipel. Mit schwarzen Leisten und Kanten am Kopf und schwarzen stachligen Warzen. *B. asper*, Rauhkröte: Hinterindien, Malakka, Sundainseln. Bis 17 cm lang. *B. terrestris* (= *lentiginosus*): Mexiko bis zu den Bärenseen. *B. halophilus*, Granitkröte: Kalifornien. Haut mit Schädel verwachsen. *B. marinus*, Riesenkröte, Aga: Zentral- und Südamerika, Antillen. Bis 25 cm lang. *B. spinulosus:* Chile, Peru. *B. typhonius:* Tropisches Südamerika. Kantiger knöcherner Kopf.

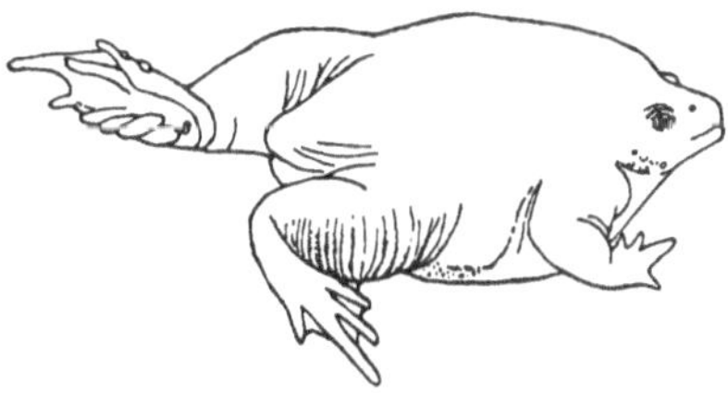

Abb. 117. *Rhynophrynus dorsalis.* (Nach Werner.)

6. Unterfamilie: *Elosiinae:* Mit schildartigen Strukturen auf den Oberflächen der Fingerspitzen. Ostbrasilien. *Elosia, Megaelosia, Crossodactylus.*

7. Unterfamilie: *Leptodactylinae:* Schmales knöchernes Sternum. *Paludicola gracilis*, Katzenfrosch: Südbrasilien, Ostargentinien, Paraguay. Verdeckte Trommelfelle. Gelbe Rükkenlängslinie. Männchen mit 2 äußeren Schallblasen. *P. falcipes*, Grillenfrosch: Südamerika. Unkenähnlich. Stimme des Männchens grillenähnlich. *P. bibronii*, Chilenischer Sumpffrosch: Chile, Peru. Schwarz und weiße Drüsen in der Lendengegend. Unpaare Schallblase. *P. fuscomaculata*, Braunfleckiger Sumpffrosch: Östliches Südamerika. Kegelförmiger Höcker am Tarsus. Männchen bläht sich beim Quaken sehr stark auf. *Leptodactylus ocellatus*, Augenpfeifer: Tropisches Südamerika. Hautleisten an Rücken und Seiten. Männchen mit dicken Armen und inneren Schallblasen. 2 Höcker auf der Innenseite des 1. Fingers. *L. pentadactylus*, Fünffingriger Pfeiffrosch: Tropisches Südamerika, Costarica, Kleine Antillen. Bis 20 cm

lang. Haut warzig. Männchen mit sehr dicken Armen, fingerartigem Fortsatz des Innenfingers und 2 Hornwarzen auf der Brust. *L. mystacinus*, Schnurrbartpfeifer: Brasilien, Paraguay. Krötenähnlich. Eier werden in Schaum in wassernahen Erdhöhlen abgelegt (s. S. 99).

Abb. 118. *Rhinoderma darwini.* (Nach Werner.)

2. Familie: *Brachycephalidae:* Brustgürtel arcifer-firmistern oder firmistern. Sacraldiapophysen zylindrisch oder verbreitert. Endphalangen niemals krallenförmig. 8—5 Praesacralwirbel.

1. Unterfamilie. *Rhinodermatinae:* Ohne Fingererweiterungen oder -fortsätze. Omosternum und Sternum knorplig. *Rhinoderma darwini*, Nasen- oder Schnabelfrosch: Chile. 3 cm lang. Bunt gefärbt. Langen, weichen Fortsatz an der Schnauze (Abb. 118). Brutpflege (s. S. 98).

Abb. 119. *Dendrobates braccatus.* (Nach Noble.)

2. Unterfamilie: *Dendrobatinae:* Mit einem Paar häutiger Fortsätze an Finger- und Zehenspitzen. Omosternum oft knöchern. *Phyllobates trinitatis*, Blattsteiger: Guyana, Venezuela, Trinidad. Haftscheiben an Fingern und Zehen. Männchen trägt die mit dem Maul an seinen Rücken angesaugten Kaulquappen herum. *Dendrobates tinctorius*, Färberfrosch: Kolumbien, Venezuela, Ecuador, Guyana, Nordbrasilien. Sehr wechselnd schwarz und weiß gezeichnet. Hautdrüsensekrete dienen als Pfeilgift und zum Färben (s. S. 9). *D. trivittatus*, Dreistreifiger Baumsteiger: Guyana, tropisches Peru, Brasilien. Trägt die Larven auf dem Rücken von einem Gewässer zum anderen. *D. braccatus* (Abb. 119): Brasilien. Transportiert die Larven in ähnlicher Weise.

3. Unterfamilie: *Brachycephalinae:* Keine Fingerfortsätze. Ohne Omosternum. *Atelopus nigricans*, Schwärzlicher Stummelfuß: Paraguay, Uruguay, Argentinien. 3 cm lang. Schwarz

mit gelben und roten Flecken. *A. varius*, Veränderlicher Stummelfuß: Mittelamerika, Kolumbien. Sehr variabel bunt gefleckt. *Brachycephalus ephippium*, Sattelkröte: Guyana, Brasilien. Mit knöchernem Rückenschild, der mit den Dornfortsätzen des 2.—7. Rückenwirbels und mit der Haut verwachsen ist (Abb. 120).

Abb. 120. *Brachycephalus ephippium*. — (Nach Noble.)

3. Familie: *Hylidae* (Baumfrösche): Brustgürtel arcifer. Sacraldiapophysen verbreitert. Endphalangen krallenförmig. Finger und Zehen meist mit Haftscheiben.

1. Unterfamilie: *Hemiphractinae:* Weibchen tragen Eier auf dem Rücken. *Amphygnathodon guentheri:* Ecuador. 7,5 cm lang. *Hemiphractus* (Panzerköpfe): Kopf bildet durch Verwachsung der Haut mit den Schädelknochen und durch Hautknochen eine feste Kapsel mit „Hörnern" (Abb. 121). *H. scutatus:* Brasilien und Ecuador. *Ceratohyla bubalus*, Palmenfrosch: Die großen Eier entwickeln sich auf dem Rücken des Weibchens (Abb. 122) zu kleinen Fröschen. *Gastrotheca* (= *Nototrema)*, Beutelfrösche (Brutpflege s. S. 98). *G. marsupiatum:* Taschenfrosch: Ecuador Peru. *G. plumbeum*, Bleifarbener Taschenfrosch: Ecuador. *G. testudineum*, Schildkrötenfrosch: Ecuador, Peru. *G. oviferum*, Eierträger: Venezuela, Mittelbrasilien. *G. cornutum*, Gehörnter Beutelfrosch: Ecuador.

Abb. 121. *Hemiphractus*. — (Nach Noble.)

2. Unterfamilie: *Hylinae:* Endphalangen klauen- oder T-förmig. Eier werden (meist im Wassser) abgelegt. *Acris gryllus*, Heuschreckenfrosch: Nordamerika, Kanada. Ohne Haftscheiben. An Ufern. Zirpende Stimme. *Pseudacris ornata*, Schmuckfrosch: Texas, Florida. 3,5 cm lang. Bunt gefärbt. *P. ocularis:*

Karolina. Kleinster Frosch (2 cm lang). *P. triseriata:* Nordamerika, fast bis Polarkreis. *Pternohyla:* Mexiko. Verknöcherte Fortsätze am Kopf. Ähnlich bei *Corythomantis* (Brasilien) und *Triprion* (Mexiko). *Hyla* (Laubfrösche): Pupille horizontal. Vomerzähne. *Hyla arborea*, Laubfrosch: Mittel- und Südeuropa, Nordwestafrika, Kanaren, Madeira, gemäßigtes Asien bis Japan. Meist grün (starker Farbwechsel s. S. 14). Männchen mit großer Schallblase in der braunen Kehle. Mehrere Unterarten: Zum Beispiel *H. a. meridionalis:* Südwesteuropa, Kanaren, Madeira, Nordafrika. Dunkle Seitenlinie fehlt. *H. a. savigny:* Korsika, Sardinien, Elba, griechische Inseln bis Japan. Seitenstreifen ohne Hüftschlinge. *H. crucifer*, Wasserpfeifer: Östliches Nordamerika, Kanada. Männchen pfeift. *H. versicolor:* Kanada bis Texas. Oberseite warzig. Hellgrau mit dunkler Zeichnung. Sehr variabel. *H. andersonii:* New-Jersey, Südkarolina. Orangerote Flanken und Hinterschenkel. *H. cinerea (carolinensis):* Nordkarolina, Texas. Grün mit 2 hellen Längsstreifen. *H. raddiana:* Südbrasilien, Argentinien, Uruguay. Ähnlich vorigem. *H. gratiosa:* Georgia, Mississippi, Florida. Größter Laubfrosch der Vereinigten Staaten (über 6 cm lang). Gekörnelte Rückenhaut mit rundlichen dunkler eingefaßten dunklen Flecken. *H. regilla*, Königslaubfrosch: Vancouver bis Mexiko. Zwischen Augen V-förmige dunkle Zeichnung. *H. nigromaculata:* Brasilien. Kopfhaut mit Schädeldecke verwachsen. Männchen mit paarigen Schallblasen hinter dem Munde. *H. faber*, Großer Kolbenfuß, „Schmied“: Brasilien, Nordargentinien. Bis 9 cm lang. Dunkle Rückenmittellinie. Stimme erinnert an Hammerschläge auf Metall. Nestbau (s. S. 100). *H. crepitans*, „Ruderer“: Nördliches Südamerika. Stimme ähnelt taktmäßigen Ruderschlägen. *H. resinifictrix:* Brasilien. Laicht in mit Wasser gefüllten verlassenen Bienennestern in Baumhöhlen. *H. nebulosa*, Bananenfrosch: Brasilien. Legt Eier in

Abb. 122. *Ceratohyla bubalus.* Weibchen mit Embryonen. — (Nach Werner.)

Schaumnester an Bananenblätter. *H. goeldii* und *evansi:* Weibchen tragen Eier in Hautwall auf Rücken (s. S. 97 und Abb. 87). *H. coerulea*, Korallenfinger: Australien, Neuguinea. Grün mit sehr großen Haftballen. Bis 10 cm lang. *H. infrafrenata:* Molukken, Neuguinea, Sundainseln. Bis 12 cm lang. *H. aurea*, Goldlaubfrosch: Australien, Tasmanien. Wasserfroschähnlich. Kleine Haftballen. Drüsige Längsfalten an Körperseiten. Gold- oder bronzeglänzende Oberseite. *Phyllomedusa* (Makifrösche): Mexiko bis Argentinien. Pupille vertikal. Innenfinger und -zehen den anderen Fingern und Zehen gegenüberstellbar (Abb. 23). Meist grüne Baumfrösche mit langsamen Bewegungen. Laichen in Schaumnestern (s. S. 93). *Ph. hypochondrialis:* Sehr schlank und langbeinig. Eier werden in ein zusammengefaltetes Blatt gelegt. *Ph. rohdei:* Weniger schlank. Ausgesprochenes Nachttier. *Ph. iheringii:* Südbrasilien. Eier werden zwischen mehrere Blätter gelegt.

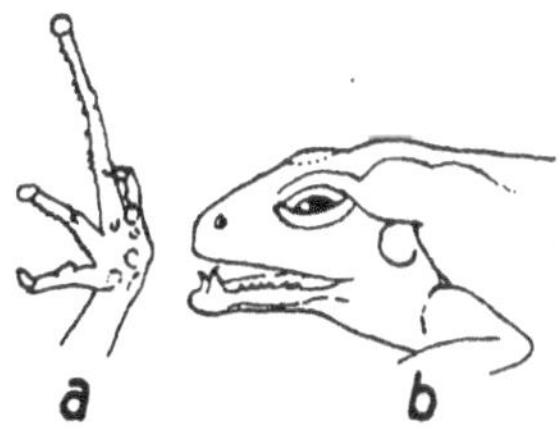

Abb. 123. Linke Hand (a) und Kopf (b) des Männchens von *Dimorphognathus africanus*. — (Nach Noble.)

5. Unterordnung: *Diplasiocoela:* Sacralwirbel bikonvex, mit doppeltem Condylus für das Os coccygis. Rippen fehlen (Abb. 113F). Firmistern.

1. Familie: *Ranidae* (Echte Frösche): Sacraldiapophysen zylindrisch oder schwach verbreitert.

1. Unterfamilie: *Arthroleptinae:* Horizontale Pupillen. Ohne Vomerzähne. *Arthroleptis variabilis:* Kamerun. 3. Finger des Männchens sehr verlängert. Ohne Haftscheiben. *Phrynobatrachus natalensis:* Süd- und Ostafrika. Kleiner variabler Wasserfrosch. *Dimorphognathus africanus:* Kamerun, Gabun. Männchen mit sehr langem 3. Finger und ungleichen Zähnen im Unterkiefer (Abb. 123 und S. 56).

2. Unterfamilie: *Astylosterninae:* Vertikale Pupillen. Omosternumstiel gegabelt. *Astylosternus (Trichobatrachus) robustus*, Haarfrosch: Kamerun, Gabun. Körperseiten und Hinterschenkel mit Hautfortsätzen (s. S. 86). *Gampsosteonyx batesi:* Gabun. Mit scharfen Krallen ohne Hornscheiden.

3. Unterfamilie: *Phrynopsinae:* Horizontale Pupillen. Vomerzähne. Nicht gegabeltes Brustbein. Kleine veränderliche Frösche aus Afrika. *Phrynopus* und *Leptodactylodon*.

4. Unterfamilie: *Raninae:* Knöchernes Sternum. Meist keine Haftscheiben an Fingern und Zehen. Hauptächlich durch die Gattung *Rana* vertreten, die in einige Untergattungen aufgeteilt ist. *R. esculenta*, Wasserfrosch, Teichfrosch: Europa, Nordwestafrika, gemäßigtes Asien. Meist grün mit hellem Rückenstreifen. Männchen mit paarigen weißen Schallblasen (Abb. 54b). Bis 10 cm lang. Im oder am Wasser. *R. ridibunda*, Seefrosch: Südeuropa (außer Italien), Nordwestafrika, Westasien, ebene Gebiete Mitteleuropas (z.B. bei Berlin und Wien). Bis 17 cm lang. Meist nur vorn grün. Innerer Fersenhöcker klein, walzenförmig. Schallblasen grau. Meist in größeren Gewässern. *R. chinensis:* Korea, Japan, Südchina, Siam. Längsfalten zwischen den Drüsenfalten an den Rumpfseiten. Fersenhöcker groß und schaufelförmig. *R. arvalis*, Moorfrosch: Nord-, Mittel- und Osteuropa, gemäßigtes Asien bis zum Amur. Dunkler Schläfenfleck. Spitze Schnauze. Oben braun, oft mit hellem Mittelband. Unten weiß. Männchen zur Laichzeit blau. *R. macrocnemis:* Kaukasus, Kleinasien. Ähnlich dem vorigen. *R. temporaria*, Grasfrosch (Abb. 2c): Europa, Nordasien. In Südeuropa nur in den nördlichen Gebirgen (Pyrenäen, Alpen [bis 3000 m]. Bosnien, Nordalbanien). In Nordeuropa bis zum Polarkreis. Dunkler Schläfenfleck. Stumpfe Schnauze. Oben braun (sehr variabel), unten meist gelblich, rötlich gefleckt. Männchen zur Laichzeit mit blauer Kehle. *R. dalmatina*, Springfrosch: Frankreich, Schweiz, Italien, Österreich, Ungarn, Balkan, Nordkleinasien. Sporadisch in Süddeutschland, Mitteldeutschland, bei Hamburg, auf Rügen. Schlesien. Dunkler Schläfenfleck. Sehr lange Hinterbeine. Ähnelt vorigem. Nah verwandte Arten aus Südeuropa sind: *R. iberica:* Pyrenäenhalbinsel, *R. latastii:* Südschweiz, Südtirol, Illyrien, Norditalien, *R. graeca:* Mittel- und Süditalien bis Balkanhalbinsel. Im tropischen Asien leben: *R. tigrina*, Tigerfrosch: Südostasien. Bis 18 cm lang. Zahlreiche Längsfalten auf dem Rücken. *R. macrodon:* Sundainseln. 2 große zahnartige Fortsätze am Unterkiefer. *R. hexadactyla:* Indien, Ceylon. Spitze Finger und Zehen. Glatte Haut. *R. erythraea*, Rotohrfrosch: Sundainseln. Kleine Haftscheiben an Fingern und Zehen. Rote Trommelfelle. In Afrika: *R. mascareniensis:* Tropisches Afrika, Ägypten, Madadaskar. Spitze Schnauze. Männchen mit schwarzen Schallblasen. *R. goliath:* Kamerun. Größte Froschart. Bis 30 cm lang. *R. adspersa:* Tropisches und südliches Afrika. Längsfalten auf Rücken. Großer Kopf. Große Hornschaufeln an den Fersenhöckern. Bis 25 cm lang. Gräbt sich ein und kann sich kugel-

förmig aufblähen. *R. albolabris:* Tropisches Afrika. Finger und Zehen mit Haftscheiben. Rückenhaut körnig. In Nordamerika: *R. catesbeiana*, Ochsenfrosch: Östliches Nordamerika. Große Trommelfelle. Bis 20 cm lang. Keine Schallblasen, aber sehr laute Stimme. *R. clamitans*, Schreifrosch: Vereinigte Staaten, Kanada. Sehr große Trommelfelle. 2 Rückenfalten. Olivengrün. *R. pipiens*, Leopardfrosch: Nord- und Mittelamerika. Gelblich, dunkel gefleckt. Männchen mit paarigen Schallblasen. *R. palustris*, Sumpffrosch: Vereinigte Staaten, Kanada. Flekken unregelmäßig viereckig in Reihen. *R. sylvatica*, Waldfrosch: Westliches Nordamerika. Sehr lange Hinterbeine. *R. cantabrigensis:* Bis in das arktische Gebiet Nordamerikas. Im australischen Gebiet: *R. papua:* Neuguinea, Nordaustralien. *R. bufoniformis:* Salomonen. Die Jungen machen die ganze Verwandlung im Ei durch und atmen durch Hautfalten (s. S. 106).

Abb. 124. Männchen von *Petropedetes newtoni* — (Nach Noble.)

5. Unterfamilie: *Petropedetinae:* Ein Paar Hautschilder auf der Oberfläche jeder Fingerspitze. *Arthroleptides martienssseni:* Tanganyika. *Petropedetes cameronensis*, *P. newtoni:* Kamerun. Beim Männchen bildet die Ohrcolumella eine zapfenförmige Hervorragung auf dem Trommelfell und der Metacarpus des 1. Fingers ist nagelartig verlängert (Abb. 124). Er dient zum Festhalten des Weibchens.

6. Unterfamilie: *Cornuferinae:* Fingerspitzen mehr oder wenger erweitert. *Cornufer corrugates:* Philippinen, Neuguinea, Bismarckarchipel. *Platymantis boulengeri:* Bismarckarchipel. Ähnelt *Rana dalmatina*. *Staurois:* Ostasien. Die Larven (Bergbachbewohner) haben einen großen Bauchsaugnapf zum Anheften an Steine. *Ceratobatrachus guentheri*, Zipfelfrosch: Salomonen. Sehr großer Kopf mit Knochenleisten. Gekrümmte Dornen an Mundwinkeln. Hautzipfel an Schnauzenspitze, Augenbrauen, Fersen und Kloake. Ganze Entwicklung im Ei. Bis 8,5 cm.

2. Familie: *Polypedatidae:* Sacraldiapophysen zylindrisch. Intercalarstücke vorhanden. Meist Baumfrösche mit Haftscheiben. *Polypedates* (= *Rhacophorus*), Ruderfrösche: Meist Baumfrösche mit „Schwimmhäuten“ auch an den Händen und

Haftscheiben an Fingern und Zehen. *P. pardalis:* Borneo. *P. reinwardtii:* Borneo. Schaumnest zwischen Blättern (s. S. 100). Beides „Flugfrösche" (s. S. 29). *P. dulitensis:* Borneo. Mit Hautfalte von der Handwurzel zum Oberarm. *P. reticulatus*, Eiertragender Ruderfrosch: Ceylon. Weibchen trägt die (etwa 20) Eier in Form einer Scheibe am Bauch, dessen Haut zellenförmige Eindrücke aufweist. *P. schlegelii:* Japan. Schaumnest in Erdhöhle (s. S. 99). *P. leucomastyx*, Bananen- oder Hausfrosch: Ostasien. Schaumnest an Baumblättern. *P. buergeri*, Japanischer Singfrosch: Japan. Wegen seiner nachtigallähnlichen Stimme in Japan in besonderen Käfigen gehalten. *Chiromantis:* Baumfrösche. Die beiden inneren Finger können den äußeren gegenübergestellt werden und bilden so eine Greifhand. *Ch. rufescens:* Westafrika. Schaumnest in Blättern über dem Wasser. *Hylambates rufus:* Kamerun. *H. maculatus:* Ostafrika. *H. brevirostris:* Kamerun. Das Weibchen trägt die großen Eier im Munde. *Hyperolius* (= *Rappia*) *marmorata:* Tropisches Afrika. *Megalixalus fornasinii:* Tropisches Afrika. Schwarzbraun mit 2 weißen Längsbinden. *Mantella ebenaui:* Madagaskar. Schwarz mit silberblauem (Männchen) oder goldgrünem

Abb. 125. *Platyhyla verrucosa.* (Nach Noble.)

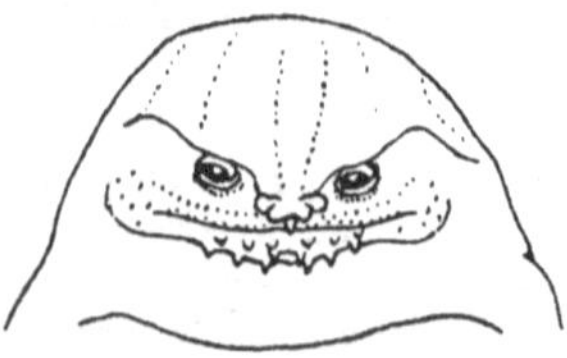

Abb. 126. Gesicht von *Rhombophryne testudo.* — (Nach Noble.)

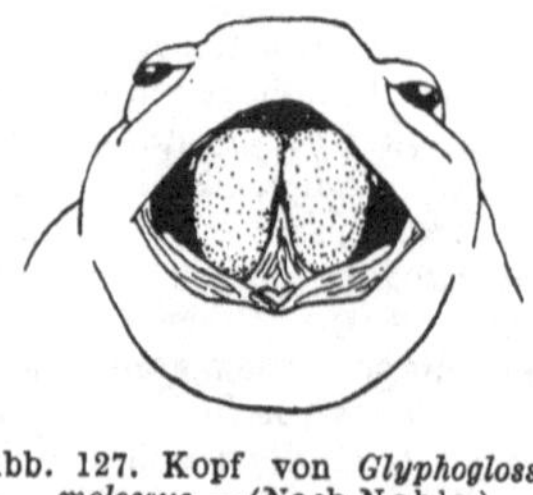

Abb. 127. Kopf von *Glyphoglossus molossus.* — (Nach Noble.)

(Weibchen) Rücken. *M. baroni:* Madagaskar. Braun mit gelber Kreuzzeichnung.

3. Familie: *Brevicipitidae:* Sacraldiapophysen stark verbreitert. Firmistern.

1. Unterfamilie: *Dyscophinae:* Große vollständige Praevomera an den Choanen. Vollkommener Schultergürtel. *Dyscophus:* Madagaskar. 6 glänzend purpurrote Arten. *Calluella:* Sumatra, Indien, Südchina. Ähnlich, aber schwächer gefärbt. *Callulina kreffti:* Tanganyika. Zahnlos.

2. Unterfamilie: *Rhombophryninae:* Zweiteilige Praevomera. Schultergürtel z.T. reduziert. *Platyhyla verrucosa:* Madagaskar. Sehr große Haftballen (Abb. 125). *Rhombophryne testudo:* Madagaskar. Krötenartig mit warzigem Gesicht (Abb. 126).

3. Unterfamilie: *Sphenophryninae:* Omosternum fehlt. *Oreophryne:* Ostindien. Einige Arten haben direkte Entwicklung.

4. Unterfamilie: *Cacopinae:* Omosternum, Claviculae und Procoracoide (außer bei *Colpoglossus*) fehlen. *Colpoglossus:* Borneo. Finger ohne Haftscheiben. Flache Körperform. Zungenhinterende an der Mitte des Mundbodens angewachsen. *Glyphoglossus molossus:* Indien. Zungenmitte angewachsen, bildet Längsfalte (Abb. 127). Grabende Lebensweise. *Calliglutus:* Borneo. Zunge nicht in der Mundbodenmitte angewachsen. *Phrynomantis:* Philippinen, Neuguinea, Australien. Gefurchter Grat quer auf dem Hinterrand des Praevomer. Keine Schwimmhäute. Fingererweiterungen. *Genyophryne thomsoni:* Inseln bei Neuguinea. Kopf groß, niedergedrückt. Verborgene Trommelfelle.

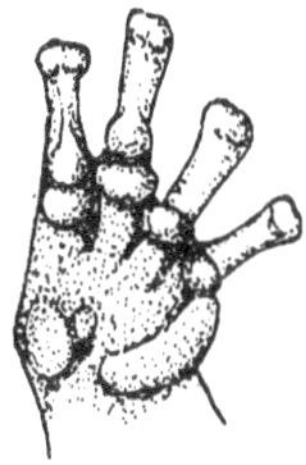

Abb. 128. Hand von *Phrynella pulchra.* (Nach Noble.)

5. Unterfamilie: *Symphygnathinae:* Einzige Anuren, bei denen die Maxillaria nach vorn verlängert sind und sich vor den Praemaxillaria in einer Symphyse treffen. *Mantophryne robusta:* Neuguinea. Die zu einem Klumpen geballten Eischnüre werden vom Männchen mit dem Körper bedeckt und mit den Vorderbeinen umklammert. Die ganze Entwicklung verläuft im Ei, wobei der Ruderschwanz der Larve wohl als Atemorgan dient.

6. Unterfamilie: *Kalophryninae:* Praevomera schmal und auf die vorderen und mittleren Choanenränder beschränkt. *Kalophrynus:* Ostasien. *Hypopachus:* Paraguay bis Vereinigte Staaten.

7. Unterfamilie: *Microhylinae:* Ohne Claviculae und Procoracoide. *Microhyla:* Kleine bunt gezeichnete Frösche. Larven z.T. mit „Trichterlippen" (s. S. 58). *M. rubra:* Indien, Ceylon. *M. ornata:* China, Indien. *M. achatina:* Java. (Larvenmund Abb. 48). *M. heymonsi:* Formosa, Südchina, Siam, Malayischer Archipel, Sumatra. *Phrynella:* Malaya, Sumatra, Borneo. Mit

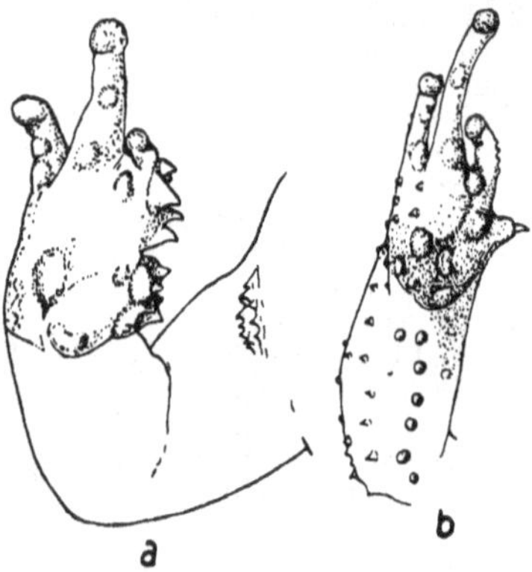

Abb. 129. Hand des Männchens von a) *Hoplophryne uluguruensis* und b) *H. rogersi.* — (Nach Noble.)

großen Gelenkhöckern an den Händen (Abb. 128). *Gastrophryne:* Vereinigte Staaten.

8. Unterfamilie: *Phrynomerinae:* Intercalarknorpel zwischen den Phalangen. *Phrynomerus:* Afrika südlich der Sahara.

9. Unterfamilie: *Kaloulinae:* Ohne Maxillarzähne und Claviculae. *Kaloula pulchra,* Indischer Ochsenfrosch: Südostasien. Männchen mit sehr lauter Stimme. *K. baleata:* Java, Celebes, Philippinen. *K. obscura:* Ceylon. *K. verrucosa:* Nordchina.

10. Unterfamilie: *Melanobatrachinae:* Verkalktes Omosternum. Praevomer reduziert. *Melanobatrachus:* Indien. Schwarz und rauhhäutig.

11. Unterfamilie: *Brevicipitinae* (Kurzköpfe): Drüsenreiches Munddach. Kreuz- und Steißbein verwachsen, *Breviceps mossambicus:* Ostafrika. Krötenartig gedrungen. Kleiner Kopf. Sehr kleiner Mund. Weiter Magensack. Zahnlos. Grabschau-

feln an Fußwurzel. Kann sich ballonartig aufblähen. Termitenfresser.

12. Unterfamilie: *Hoplophryninae:* Verschieden weitgehende Reduktion der inneren Finger (Abb. 129). *Hoplophryne.* Bananenfrösche: Ostafrika. Eier werden zwischen Bananenblätter oder in alte Bambusstämme in Wassernähe gelegt. Larven haben nur 1 Kiemenbogen und 1 Kiemenspalte auf jeder Seite. Atmen gleich atmosphärische Luft.

13. Unterfamilie: *Hemisinae*, Ferkelfrösche: Spitze Schnauzen. Brustgürtel artikuliert mit dem Schädel. *Hemisus marmoratus:* Ost- und Westafrika. Großer Fersenhöcker. Kann sich aufblasen. Eier werden vom Weibchen auf dem Bauch getragen.

14. Unterfamilie: *Cacosterninae:* Mit Maxillarzähnen. Ohne Claviculae. Keine Drüsenanschwellungen am Gaumen. *Cacosternum:* Südafrika. *Anhydrophryne rattrayi:* Südafrika. Die Eier werden auf trockenem Boden unter Steinen abgelegt und entwickeln sich direkt.

LITERATUR

Angel, F.: Vie et moeurs des amphibiens. Paris 1947.
Dürigen, B.: Deutschlands Amphibien und Reptilien. Magdeburg 1897.
Ecker, A., und Wiedersheim, R., Die Anatomie des Frosches. Braunschweig 1864—1882. 2. Aufl. von Gaupp 1896—1904.
Gadow. H.: Amphibia and reptiles. Cambridge Nat. Hist. London 1901.
Hempelmann, F.: Der Frosch. Monograph. einheim. Tiere. Leipzig 1908.
Herter, K.: Die Physiologie der Amphibien. Handb. d. Zoolog. 6. Anhang. Berlin 1941.
Herrick, C. J.: The brain of the tiger salamander *Ambystoma tigrinum*. Chicago (Illin.) 1948.
Hilzheimer, M.: Handb. d. Biolog. d. Wirbeltiere. Stuttgart 1913.
Klingelhöffer, W.: Terrarienkunde. Braunschweig 1931.
Mertens, R.: Die Lurche und Kriechtiere des Rhein-Main-Gebietes. Frankfurt a. M. 1947.
Noble, G. K.: The biology of the amphibia. New York und London 1931.
Remane, A.: Amphibia. Lurche. Biolog. d. Tiere Deutschlands. Lieferung 7. Berlin 1923.
Sarasin, P. und F.: Zur Entwicklungsgeschichte und Anatomie der ceylonesischen Blindwühle *Ichthyophis glutinosus L.* Ergeb. naturwiss. Forsch. auf Ceylon. 2. Wiesbaden 1887—1890.
Schreiber, E.: Herpetologia europaea. 2. Aufl. Jena 1912.
Sternfeld, R.: Die Reptilien und Amphibien Mitteleuropas. 2. Aufl, von Steiner. Heidelberg 1952.
Versluys, J.: Amphibia. Handwörterb. d. Naturwiss. 2. Aufl. 1. Jena 1931.
Werner, F.: Die Lurche und Kriechtiere. 1. Brehms Tierleben 4. 4. Aufl. Leipzig und Wien 1912.
Werner, F.: Amphibien. Das Tierreich III. 2. Aufl. Sammlung Göschen Nr. 847. Berlin und Leipzig 1922.

NAMEN- UND SACHVERZEICHNIS

GESAMTVERZEICHNIS

SAMMLUNG GÖSCHEN

DAS WISSEN DER WELT IN KURZEN, KLAREN, ALLGEMEINVERSTÄNDLICHEN EINZELDARSTELLUNGEN NACH DEN LEHRPLÄNEN DER DEUTSCHEN UNIVERSITÄTEN UND HOCHSCHULEN AUFGEBAUT

JEDER BAND DM 2,40

DOPPELBAND DM 4,80

STAND NOVEMBER 1954

WALTER DE GRUYTER & CO.

BERLIN W 35

INHALTSVERZEICHNIS

Geisteswissenschaften

Philosophie · Pädagogik · Psychologie · Soziologie

Einführung in die Philosophie von *H. Leisegang*. 2. Auflage. 145 Seiten. 1953 . . . . Bd. 281

Erkenntnistheorie von *G. Kropp*. 1. Teil: Allgemeine Grundlegung. 143 Seiten. 1950 . . . . Bd. 807

Hauptprobleme der Philosophie von *G. Simmel*†. 7., unveränd. Auflage. 177 Seiten. 1950 . . . . Bd. 500

Geschichte der Philosophie

I: Die griechische Philosophie von *W. Capelle*. 1. Teil. Von Thales bis Leukippos. 2., erweiterte Auflage. 135 Seiten. 1953 . . . . Bd. 857

II: Die griechische Philosophie von *W. Capelle*. 2. Teil. Von der Sophistik bis zum Tode Platons. 2., stark erweiterte Auflage. 144 Seiten. 1953 . . . . Bd. 858

III: Die griechische Philosophie von *W. Capelle*. 3. Teil. Vom Tode Platons bis zur Alten Stoa. 2., stark erweiterte Auflage. 132 Seiten. 1954 . . . . Bd. 859

IV: Die griechische Philosophie von *W. Capelle*. 4. Teil. Von der Alten Stoa bis zum Eklektizismus im 1. Jahrhundert v. Chr. 2., stark erweiterte Auflage. 132 Seiten. 1954 . . . . Bd. 863

V: Die Philosophie des Mittelalters von *J. Koch*. In Vorbereitung . . . . Bd. 826

VI: Von der Renaissance bis Kant von *K. Schilling*. 234 Seiten. 1954 . . . . Bd. 394 / 394a

VII: Immanuel Kant von *G. Lehmann*. In Vorbereitung . Bd. 536

VIII: Die Philosophie des 19. Jahrhunderts von *G. Lehmann*. 1. Teil. 151 Seiten. 1953 . . . . Bd. 571

IX: Die Philosophie des 19. Jahrhunderts von *G. Lehmann*. 2. Teil. 168 Seiten. 1953 . . . . Bd. 709

X: Die Philosophie im ersten Drittel des 20. Jahrhunderts von *G. Lehmann*. In Vorbereitung . . . . . Bd. 845

Die geistige Situation der Zeit (1931) von *K. Jaspers*. 3., unveränderter Abdruck der 1932 bearbeiteten 5. Auflage. 211 Seiten. 1953 . . . . Bd. 1000

Philosophisches Wörterbuch von *M. Apel* †. 4., unveränderte Auflage. 260 Seiten. 1953 . . . . Bd. 1031

Geschichte der Pädagogik von *H. Weimer*. 11., neubearbeitete und vermehrte Auflage. 176 Seiten. 1954. . . . . . . Bd. 145

Therapeutische Psychologie. Freud – Adler – Jung von *W. M. Kranefeldt*. Mit einer Einführung von *C. G. Jung*. 2. Auflage. 152 Seiten. 1950 . . . . Bd. 1034

Soziologie. Geschichte und Hauptprobleme von *L. von Wiese*. 5. Auflage. 162 Seiten. 1954 . . . . Bd. 101

Religionswissenschaften

Jesus von *M. Dibelius* †. 2. Auflage. Unveränderter Nachdruck. 137 Seiten. 1949 . . . . Bd. 1130

Paulus von *M. Dibelius* †. Nach dem Tode des Verfassers herausgegeben und zu Ende geführt von *W. G. Kümmel*. 155 Seiten. 1951 . . . . Bd. 1106

Musik

Musikästhetik von *H. J. Moser.* 180 Seiten. 1953 . . . . Bd. 344

Systematische Modulation von *R. Hernried.* 2. Auflage. 136 Seiten. 1950 . . . . Bd. 1094

Der polyphone Satz von *E. Pepping.* 1. Teil: Der cantus-firmus-Satz. 2. Auflage. 223 Seiten. 1950 . . . . Bd. 1148

Harmonielehre von *H. J. Moser.*
I: 112 Seiten. 1954 . . . . Bd. 809
II: In Vorbereitung . . . . Bd. 810

Technik der deutschen Gesangskunst von *H. J. Moser.* Dritte, durchges. u. verbesserte Auflage. 144 Seiten mit 5 Fig. 1954 . . . . Bd. 576/576a

Die Kunst des Dirigierens von *H. W. von Waltershausen.* 2. Auflage. 138 Seiten. 1954 . . . . Bd. 1147

Die Technik des Klavierspiels aus dem Geiste des musikalischen Kunstwerkes von *K. Schubert* †. 3. Auflage. 110 Seiten. 1954 . . . . Bd. 1045

Die Musik des 19. Jahrhunderts von *W. Oehlmann.* 180 Seiten. 1953 . . . . Bd. 170

Allgemeine Musiklehre von *H. J. Moser.* 2., durchges. Auflage. 155 Seiten. 1955. . . . . . . Bd. 220/220a

Kunst

Stilkunde von *H. Weigert.*
I: Vorzeit, Antike, Mittelalter. 2. Auflage. 136 Seiten. Mit 94 Abbildungen. 1954 . . . . Bd. 80
II: Spätmittelalter und Neuzeit. 2. Auflage. 146 Seiten. Mit 84 Abbildungen. 1954 . . . . Bd. 781

Geschichte

Einführung in die Geschichtswissenschaft von *P. Kirn.* 2. Auflage. 121 Seiten. 1952 . . . . Bd. 270

Archäologie von *A. Rumpf.*
I: Einleitung, historischer Überblick. 143 Seiten mit 6 Abbildungen im Text und 12 Tafeln. 1953 . . . . . Bd. 538
II: In Vorbereitung . . . . Bd. 539

Kultur der Urzeit von *F. Behn.* 4. Auflage der „Kultur der Urzeit". Band I–III von *M. Hoernes.*
I: Die vormetallischen Kulturen. (Die Steinzeiten Europas. Gleichartige Kulturen in anderen Erdteilen). 172 Seiten mit 48 Abbildungen. 1950 . . . . Bd. 564
II: Die älteren Metallkulturen. (Der Beginn der Metallbenutzung. Kupfer- und Bronzezeit in Europa, im Orient und in Amerika). 160 Seiten mit 67 Abbildungen. 1950 Bd. 565
III: Die jüngeren Metallkulturen. (Das Eisen als Kulturmetall. Hallstatt-Latène-Kultur in Europa. Das erste Auftreten des Eisens in den anderen Erdteilen). 149 Seiten mit 60 Abbildungen. 1950. . . . . Bd. 566

Vorgeschichte Europas von *F. Behn.* Völlig neue Bearbeitung der 7. Auflage der „Urgeschichte der Menschheit" von *M. Hoernes.* 125 Seiten mit 47 Abbildungen. 1949 . . . Bd. 42

Von den Karolingern zu den Staufern von *J. Haller*. Die altdeutsche Kaiserzeit (900–1250). 3. Auflage. 141 Seiten mit 4 Karten. 1944 . . . . Bd. 1065

Deutsche Geschichte im Zeitalter der Reformation, der Gegenreformation und des 30jährigen Krieges von *F. Hartung*. 129 Seiten. 1951 . . . . Bd. 1105

Quellenkunde der deutschen Geschichte im Mittelalter von *K. Jacob*† (bis zur Mitte des 15. Jahrhunderts).

I: Einleitung, Allgemeiner Teil. Die Zeit der Karolinger. 5. Auflage. 118 Seiten. 1949 . . . . Bd. 279

II: Die Kaiserzeit (911 – 1250). 4. Auflage. 127 Seiten. 1949 . . . . Bd. 280

III: Das Spätmittelalter (vom Interregnum bis 1500). Unter Verwendung der Hinterlassenschaft herausgegeben von *F. Weden*. 152 Seiten. 1952 . . . . Bd. 284

Badische Geschichte von A. Krieger. 137 Seiten. 1921 . . . . Bd. 230

Geschichte Englands von *H. Preller*.

I: bis 1815. 3., stark umgearbeitete Auflage. 135 Seiten mit 7 Stammtafeln und 2 Karten im Text. 1952 . . . . Bd. 375

II: von 1815 bis 1910. 2., völlig umgearb. Auflage. 118 S. mit 1 Stammtafel und 7 Karten im Text. 1954 . . . Bd. 1088

Thüringische Geschichte von *E. Devrient*. 2. Auflage. 136 Seiten. 1921. . . . . Bd. 352

Deutsche Sprache und Literatur

Deutsches Rechtschreibungswörterbuch von *M. Gottschald*. 2., verbesserte Auflage. 269 Seiten. 1953 . . . . Bd. 200/200a

Deutsche Wortkunde von *A. Schirmer*. Eine kulturgeschichtliche Betrachtung des deutschen Wortschatzes. 3., durchgesehene Auflage. 109 Seiten. 1949 . . . . Bd. 929

Deutsche Sprachlehre von *W. Hofstaetter*. 9., neubearbeitete Auflage von *G. Spree*. 144 Seiten. 1953 . . . . Bd. 20

Redetechnik von *H. Biehle*. Einführung in die Rhetorik. 115 Seiten. 1954 . . . . Bd. 61

Sprechen und Sprachpflege von *H. Feist*. (Die Kunst des Sprechens). 2., verbesserte Auflage. 99 Seiten mit 25 Abbildungen. 1952 . . . . Bd. 1122

Deutsches Dichten und Denken von der germanischen bis zur staufischen Zeit von *H. Naumann*. (Deutsche Literaturgeschichte vom 5.–13. Jahrhundert). 2., verbesserte Auflage. 166 Seiten. 1952 . . . . Bd. 1121

Deutsches Dichten und Denken vom Mittelalter zur Neuzeit von *G. Müller* (1270–1700). 2., durchgesehene Auflage. 159 Seiten. 1949 . . . . Bd. 1086

Deutsches Dichten und Denken von der Aufklärung bis zum Realismus von *K. Viëtor* (Deutsche Literaturgeschichte von 1700–1890). 2., durchgesehene Auflage. 156 Seiten. 1949 . . . . Bd. 1096

Der Nibelunge Nôt in Auswahl mit kurzem Wörterbuch von *K. Langosch*. 9., umgearbeitete Auflage. 164 Seiten. 1953 . . . . Bd.

Die deutschen Personennamen von *M. Gottschald*. 2., verbesserte Auflage. 151 Seiten. 1955 . . . . Bd. 422

Indogermanisch · Germanisch

Gotisches Elementarbuch von *H. Hempel.* Grammatik, Texte mit Übersetzung und Erläuterungen. 2., umgearbeitete Auflage. 165 Seiten. 1953 . . . . Bd. 79

Indogermanische Sprachwissenschaft von *H. Krahe.* 2. Auflage. 134 Seiten. 1948 . . . . Bd. 59

Germanische Sprachwissenschaft von *H. Krahe.* 2. Auflage.
II: Formenlehre. 140 Seiten. 1948 . . . . Bd. 780

Althochdeutsches Elementarbuch von *H. Naumann* † und *W. Betz.* 2. Auflage. 156 Seiten. 1954 . . . . Bd. 1111

Altnordisches Elementarbuch von *F. Ranke.* Schrifttum, Sprache, Texte mit Übersetzung und Wörterbuch. 2., durchgesehene Auflage. 146 Seiten. 1949 . . . . . Bd. 1115

Englisch · Französisch · Italienisch

Altenglisches Elementarbuch von *M. Lehnert.* Einführung, Grammatik, Texte mit Übersetzung und Wörterbuch. 2., verbesserte und vermehrte Aufl. 176 Seiten. 1950 . Bd. 1125

Beowulf von *M. Lehnert.* Eine Auswahl mit Einführung, teilweiser Übersetzung, Anmerkungen und etymologischem Wörterbuch. 2., verbesserte Auflage. 135 Seiten. 1949 Bd. 1135

Englische Literaturgeschichte.
I: Die alt- und mittelenglische Periode von *F. Schubel.* 163 Seiten. 1954 . . . . Bd. 1114
II: Von der Renaissance bis zur Aufklärung von *Paul Meissner*†. 139 Seiten. 1937 . . . . Bd. 1116
III: Romantik und Viktorianismus von *Paul Meissner*†. 150 Seiten. 1938 . . . . Bd. 1124
IV: Das 20. Jahrhundert von *Paul Meissner*†. 150 Seiten. 1939 . . . . Bd. 1136

Italienische Literaturgeschichte von *K. Vossler.* Unveränderter Nachdruck der 1927 erschienenen 4., durchgesehenen und verbesserten Auflage. 148 Seiten. 1948 . . . . Bd. 125

Shakespeare von *P. Meissner*†. 2. Auflage, neubearbeitet von M. Lehnert. 136 Seiten. 1954 . . . . Bd. 1142

Griechisch · Lateinisch

Griechische Sprachwissenschaft von *W. Brandenstein.*
I: Einleitung, Lautsystem, Etymologie. 160 Seiten. 1954 Bd. 117

Geschichte der griechischen Sprache
I: Bis zum Ausgang der klassischen Zeit. Von *O. Hoffmann*†. 3., umgearbeitete Auflage von *A. Debrunner.* 156 Seiten. 1954 . . . . Bd. 111
II: Grundfragen und Grundzüge d. nachklass. Griechisch. Von *A. Debrunner.* 144 Seiten. 1954 . . . . Bd. 114

Geschichte der griechischen Literatur von *W. Nestle.* 2., verbesserte Auflage.
I: Von den Anfängen bis auf Alexander d. Gr. 148 Seiten. 1950 . . . . Bd. 70
II: Von Alexander d. Gr. bis zum Ausgang der Antike. 128 Seiten. 1948 . . . . Bd. 557

Geschichte der lateinischen Sprache von *F. Stolz* †. 3., stark umgearbeitete Auflage von *A. Debrunner*. 136 Seiten. 1953 . . . . Bd. 492

Hebräisch · Sanskrit · Russisch

Hebräische Grammatik von *G. Beer*†. 2., völlig neubearbeitete Auflage von *R. Meyer*.
I: Schrift-, Laut- und Formenlehre I. 157 Seiten. 1952. Bd. 763/763a
II: Schrift-, Laut- und Formenlehre II. 1954. In Vorbereitung . . . . Bd. 764/764a

Sanskrit-Grammatik von *M. Mayrhofer*. 89 Seiten. 1953 . . . Bd. 1158

Russische Grammatik von *G. Berneker*. 6., unveränderte Auflage von *M. Vasmer*. 155 Seiten. 1947 . . . . Bd. 66

Erd- und Länderkunde

Afrika von *F. Jaeger*. Ein geographischer Überblick. 2., umgearbeitete Auflage.
I: Der Lebensraum. 179 Seiten mit 18 Abbildungen. 1954 Bd. 910
II: Mensch und Kultur. 155 Seiten mit 6 Abbildungen. 1954 Bd. 911

Australien und Ozeanien von *H. J. Krug*. 176 Seiten mit 46 Skizzen. 1953 . . . . Bd. 319

Kartenkunde von *M. Eckert-Greifendorff*†. 3., durchgesehene Auflage von *W. Kleffner*. 149 Seiten mit 63 Abb. 1950 Bd. 30

Volkswirtschaft · Publizistik

Allgemeine Betriebswirtschaftslehre von *K. Mellerowicz*. 8., unveränderte Auflage.
I: 142 Seiten. 1954 . . . . Bd. 1008
II: 112 Seiten. 1954 . . . . Bd. 1153
III: 143 Seiten. 1954 . . . . Bd. 1154

Zeitungslehre von *E. Dovifat*. 3., neubearbeitete Auflage. 1955. 2 Bände. In Vorbereitung . . . . Bd. 1039/1040

Naturwissenschaften

Mathematik

Geschichte der Mathematik von *J. E. Hofmann.*
I: Von den Anfängen bis zum Auftreten von Fermat und Descartes. 200 Seiten. 1953 . . . . Bd. 226

Mathematische Formelsammlung von *F. Ringleb.* Vollständig umgearbeitete Neuausgabe des Werkes von *O. Th. Bürklen.* 5., verbesserte Auflage. 274 Seiten mit 57 Figuren. 1949 . . . . Bd. 51

Fünfstellige Logarithmen von *A. Adler.* Mit mehreren graphischen Rechentafeln und häufig vorkommenden Zahlwerten. 2. Auflage. Neudruck. 127 Seiten mit 1 Tafel. 1949 . . . . Bd. 423

Höhere Algebra von *H. Hasse.* 3., verbesserte Auflage.
I: Lineare Gleichungen. 152 Seiten. 1951 . . . . Bd. 931
II: Gleichungen höheren Grades. 158 Seiten mit 5 Figuren. 1951 . . . . Bd. 932

Aufgabensammlung zur höheren Algebra von *H. Hasse* und *W. Klobe.* 2., verbesserte und vermehrte Auflage. 181 Seiten. 1952 . . . . Bd. 1082

Elementare und klassische Algebra vom modernen Standpunkt von *W. Krull.* 2., erweiterte Auflage.
I: 136 Seiten. 1952 . . . . Bd. 930

Einführung in die Zahlentheorie von *A. Scholz†.* Überarbeitet von *B. Schoeneberg.* 1955. In Vorbereitung . . . . . . Bd. 1131

Gruppentheorie von *L. Baumgartner.* 2. Auflage. 115 Seiten mit 6 Figuren. 1949 . . . . Bd. 837

Funktionentheorie von *K. Knopp.* 7. Auflage.
I: Grundlagen der allgemeinen Theorie der analytischen Funktionen. 139 Seiten. Nachdruck 1954 . . . . Bd. 668
II: Anwendungen und Weiterführung der allgemeinen Theorie. 130 Seiten. Nachdruck 1954 . . . . Bd. 703

Aufgabensammlung zur Funktionentheorie von *K. Knopp.* 4. Auflage.
I: Aufgaben zur elementaren Funktionentheorie. 135 Seiten. 1949 . . . . Bd. 877
II: Aufgaben zur höheren Funktionentheorie. 151 Seiten. 1949 . . . . Bd. 878

Elemente der Funktionentheorie von *K. Knopp.* 3. Auflage. 144 Seiten. Nachdruck 1954 . . . . Bd. 1109

Differentialrechnung von *A. Witting†.* 3., neubearbeitete Auflage. Durchgesehener Neudruck. 201 Seiten mit 95 Figuren und 200 Beispielen. 1949 . . . . Bd. 87

Repetitorium und Aufgabensammlung zur Differentialrechnung von *A. Witting†*. 2., neubearbeitete Auflage. Durchgesehener Neudruck. 145 Seiten. 1949 . . . . Bd. 146

Integralrechnung von *A. Witting†*. 2., verbesserte Auflage. Durchgesehener Neudruck. 176 Seiten mit 62 Figuren und 190 Beispielen . . . . Bd. 88

Repetitorium und Aufgabensammlung zur Integralrechnung von *A. Witting†*. 2., neubearbeitete Auflage. Durchgesehener Neudruck. 121 Seiten mit 32 Figuren und 309 Beispielen. 1949. . . . . Bd. 147

Gewöhnliche Differentialgleichungen von *G. Hoheisel*. 4., neubearbeitete Auflage. 129 Seiten. 1951 . . . . Bd. 920

Partielle Differentialgleichungen von *G. Hoheisel*. 3., neubearbeitete Auflage. Etwa 130 Seiten. 1954 . . . . . Bd. 1003

Aufgabensammlung zu den gewöhnlichen und partiellen Differentialgleichungen von *G. Hoheisel*. 2., umgearbeitete Auflage. 124 Seiten. 1952 . . . . Bd. 1059

Darstellende Geometrie von *W. Haack*.

I: Die wichtigsten Darstellungsmethoden. Grund- und Aufriß ebenmäßiger Körper. 106 Seiten mit 117 Abbildungen. 1954 . . . . Bd. 142

II: Körper mit krummen Begrenzungsflächen. Kotierte Projektionen. 129 Seiten mit 86 Abbildungen. 1954 . . Bd. 143

Sammlung von Aufgaben und Beispielen zur analytischen Geometrie der Ebene von *R. Haussner*. Mit den vollständigen Lösungen. 139 Seiten mit 22 Figuren im Text. Neudruck. 1949 . . . . Bd. 256

Nichteuklidische Geometrie von *R. Baldus†*. Hyperbolische Geometrie der Ebene. 3., verbesserte Auflage, durchgesehen und herausgegeben von *F. Löbell*. 140 Seiten mit 70 Figuren im Text. 1954 . . . . Bd. 970

Differentialgeometrie von *K. Strubecker* (früher Rothe). 2 Bände. In Vorbereitung . . . . Bd. 1113

Einführung in die konforme Abbildung von *L. Bieberbach*. 4. Auflage. 147 Seiten mit 42 Zeichnungen. 1949 . . . Bd. 768

Vektoranalysis von *S. Valentiner*. Neudruck der 7. Auflage (1950). 138 Seiten mit 19 Figuren. 1954 . . . . Bd. 354

Vermessungskunde von *P. Werkmeister*.

I: Stückmessung und Nivellieren. 9. Auflage. 165 Seiten mit 145 Figuren. 1949 . . . . Bd. 468

II: Messung von Horizontalwinkeln. Festlegung von Punkten im Koordinatensystem. Absteckungen. 7. Auflage. 151 Seiten mit 93 Figuren. 1949 . . . . Bd. 469

III: Trigonometrische und barometrische Höhenmessung. Tachymetrie und Topographie. 6. Auflage. 147 Seiten mit 64 Figuren. 1949 . . . . Bd. 862

Versicherungsmathematik von *F. Böhm*.

I: Elemente der Versicherungsrechnung. 3., vermehrte und verbesserte Auflage. Durchgesehener Neudruck. 151 Seiten. 1954. . . . . Bd. 180

II: Lebensversicherungsmathematik. Einführung in die technischen Grundlagen der Sozialversicherung. 2., verbesserte Auflage. 205 Seiten. 1953 . . . . Bd. 917/917a

Physik

Einführung in die theoretische Physik von *W. Döring*
I: Mechanik. 119 Seiten mit 29 Abbildungen. 1954 . . . Bd. **76**
II: Theorie des elektromagnetischen Feldes. In Vorbereitg. Bd. **77**

Atomphysik von *K. Bechert* und *Ch. Gerthsen*. 3., umgearb. Auflage.
I und II: 1955. In Vorbereitung . . . . Bd. 1009/1033
III: Theorie des Atombaus. 1. Teil von *K. Bechert*. 148 Seit. mit 16 Abbildungen. 1954 . . . . Bd. 1123/1123a
IV: Theorie des Atombaus. 2. Teil von *K. Bechert*. 170 Seiten mit 14 Abbildungen .1954 . . . . Bd. 1165/1165a

Differentialgleichungen der Physik von *F. Sauter*. 2. Auflage. 148 Seiten mit 16 Figuren. 1950 . . . . Bd. 1070

Physikalische Formelsammlung von *G. Mahler* und *K. Mahler*. 8., verbesserte Auflage. 153 Seiten mit 69 Figuren. 1950 Bd. **136**

Physikalische Aufgabensammlung von *G. Mahler* und *K. Mahler*. Mit den Ergebnissen. 8. Auflage. 1955. In Vorbereitung . . . . Bd. **243**

Chemie

Geschichte der Chemie von *G. Lockemann*. In kurzgefaßter Darstellung
I: Vom Altertum bis zur Entdeckung des Sauerstoffs. 142 Seiten mit 8 Bildnissen. 1950 . . . . Bd. **264**
II: Von der Entdeckung des Sauerstoffs bis zur Gegenwart. In Vorbereitung . . . . Bd. **265**

Anorganische Chemie von *W. Klemm*. 8. Auflage. 184 Seiten mit 18 Abbildungen. 1954 . . . . Bd. **37**

Organische Chemie von *W. Schlenk*. 6., erweiterte Auflage. 263 Seiten. 1954 . . . . Bd. **38/38a**

Allgemeine und physikalische Chemie von *W. Schulze*.
I: 1955. In Vorbereitung . . . . Bd. **71**
II: 3., durchgesehene Auflage. 160 Seiten mit 36 Fig. 1949. Bd. **698**
III: Molekülbau. 1955. In Vorbereitung . . . . Bd. **786**

Analytische Chemie von *J. Hoppe*. 5., verbesserte Auflage.
I: Reaktionen. 135 Seiten. 1950 . . . . Bd. **247**
II: Gang der qualitativen Analyse. 166 Seiten. 1950 . . . Bd. **248**

Maßanalyse von *G. Jander* und *K. F. Jahr*. Theorie und Praxis der klassischen und der elektrochemischen Titrierverfahren. 6. Auflage.
I: 140 Seiten mit 18 Figuren. 1952 . . . . Bd. **221**
II: 139 Seiten mit 24 Figuren. 1952 . . . . Bd. **1002**

Thermochemie von *W. A. Roth*. 2., verbesserte Auflage. 109 Seiten mit 16 Figuren. 1952 . . . . Bd. **1057**

Physikalisch-chemische Rechenaufgaben von *E. Asmus*. 2. Auflage. 96 Seiten. 1949 . . . . Bd. **445**

Stöchiometrische Aufgabensammlung von *W. Bahrdt* und *R. Scheer*. Mit den Ergebnissen. 5., verbesserte Auflage. 120 Seiten. 1952 . . . . Bd. **452**

Elektrochemie und ihre physikalisch-chemischen Grundlagen von *A. Dassler*.
I: 149 Seiten mit 21 Abbildungen. 1950 . . . . Bd. **252**
II: 178 Seiten mit 17 Abbildungen. 1950 . . . . Bd. **253**

Technologie

Warenkunde von *K. Hassak*† und *E. Beutel*†. 7. Auflage. Neubearbeitet von *A. Kutzelnigg*.
I: Anorganische Waren sowie Kohle und Erdöl. 116 Seiten mit 19 Figuren. 1947 . . . . Bd. 222
II: Organische Waren. 143 Seiten mit 32 Figuren. 1949 . . Bd. 222

Die Fette und Öle von *K. Braun*†. 5., völlig neubearbeitete und verbesserte Auflage von *Th. Klug*. 145 Seiten. 1950 . . Bd. 335

Die Seifenfabrikation von *K. Braun*†. 3., neubearbeitete und verbesserte Auflage von *Th. Klug*. 116 Seiten mit 18 Abbildungen. 1953 . . . . Bd. 336

Textilindustrie von *A. Blümcke*.
I: Spinnerei und Zwirnerei. 112 Seiten mit 43 Abbildungen. 1954 . . . . Bd. 184

Biologie

Hormone von *G. Koller*. 2., neubearbeitete und erweiterte Auflage. 187 Seiten mit 60 Abbildungen und 19 Tabellen. 1949 . . . . Bd. 1141

Fortpflanzung im Tier- und Pflanzenreich von *J. Hämmerling*. 2., ergänzte Auflage. 135 Seiten mit 101 Abbildungen. 1951 . . . . Bd. 1138

Geschlecht und Geschlechtsbestimmung im Tier- und Pflanzenreich von *M. Hartmann*. 2., verbesserte Auflage. 116 Seiten mit 61 Abbildungen und 7 Tabellen. 1951 . Bd. 1127

Grundriß der allgemeinen Mikrobiologie von *W. Schwartz*
I: 104 Seiten mit 17 Abbildungen. 1949 . . . . Bd. 1155
II: 93 Seiten mit 12 Abbildungen. 1949 . . . . Bd. 1157

Symbiose der Tiere mit pflanzlichen Mikroorganismen von *P. Buchner*. 2., verbesserte und vermehrte Auflage. 130 Seiten mit 121 Abbildungen. 1949 . . . . Bd. 1128

Botanik

Entwicklungsgeschichte desPflanzenreiches von *H. Heil*. 2. Auflage. 138 Seiten mit 94 Abbildungen und 1 Tabelle. 1950 Bd. 1137

Morphologie der Pflanzen von *L. Geitler*. 3. Auflage. 126 Seiten mit 114 Abbildungen. 1954 . . . . Bd. 141

Pflanzenzüchtung von *H. Kuckuck*. 3., völlig umgearbeitete Auflage.
I: Grundzüge der Pflanzenzüchtung. 132 Seiten mit 22 Abbildungen. 1952 . . . . Bd. 1134

Die Laubhölzer von *F. W. Neger*† und *E. Münch*†. Kurzgefaßte Beschreibung der in Mitteleuropa gedeihenden Laubbäume und Sträucher. 3., durchgesehene Auflage, herausgegeben von *B. Huber*. 143 Seiten mit 63 Figuren und 7 Tabellen. 1950 . . . . Bd. 718

Die Nadelhölzer (Koniferen) und übrigen Gymnospermen von *F. W. Neger*† und *E. Münch*†. 4. Auflage. Durchgesehen und ergänzt von *B. Huber*. 140 Seiten mit 75 Figuren, 4 Tabellen und 3 Karten. 1952 . . . . Bd. 355

Zoologie

Entwicklungsphysiologie der Tiere von *F. Seidel.*
I: Ei und Furchung. 126 Seiten mit 29 Abbildungen. 1953 . . . . Bd. 1162
II: Körpergrundgestalt und Organbildung. 159 Seiten mit 42 Abbildungen. 1953 . . . . Bd. 1163

Das Tierreich.
Fische von *D. Lüdemann.* In Vorbereitung . . . . . Bd. 356
Insekten von *H. von Lengerken.* 128 Seiten mit 58 Abbildungen. 1953 . . . . Bd. 594
Lurche von *K. Herter.* 140 Seiten mit 129 Abbild. 1955 Bd. 847
Spinnentiere von *A. Kaestner.* 96 S. mit 55 Abb. 1955. Bd. 1161
Würmer von *S. Jaeckel.* 112 Seiten mit 36 Abbild. 1954 Bd. 439
Weichtiere von *S. Jaeckel.* 92 Seiten mit 34 Abbildungen. 1955 . . . . Bd. 440

Vergleichende Physiologie der Tiere von *K. Herter.* 3. Auflage der „Tierphysiologie".
I: Stoff- und Energiewechsel. 155 Seiten mit 64 Abbild. 1950 . . . . Bd. 972
II: Bewegung und Reizerscheinungen. 148 Seiten mit 110 Abbildungen. 1950 . . . . Bd. 973

Land- und Forstwirtschaft

Landwirtschaftliche Tierzucht von *H. Vogel.* Die Züchtung und Haltung der landwirtschaftlichen Nutztiere. 139 Seiten mit 11 Abbildungen. 1952 . . . . Bd. 228

Kulturtechnische Bodenverbesserungen von *O. Fauser.* 4., neubearbeitete Auflage.
I: Allgemeines, Entwässerung. 122 Seiten mit 47 Abbildungen. 1947 . . . . Bd. 691
II: Bewässerung, Ödlandkultur, Umlegung. 150 Seiten mit 67 Abbildungen. 1949 . . . . Bd. 692

Agrikulturchemie von *K. Scharrer.*
I: Pflanzenernährung. 143 Seiten. 1953 . . . . Bd. 329

Geologie · Mineralogie · Kristallographie

Kristallographie von *W. Bruhns*† und *P. Ramdohr.* 4. Auflage. 106 Seiten mit 163 Abbildungen. 1954 . . . . Bd. 210

Einführung in die Kristalloptik von *E. Buchwald.* 4., verbess. Auflage. 138 Seiten mit 121 Figuren. 1952 . . . . Bd. 619

Lötrohrprobierkunde von *M. Henglein.* Mineraldiagnose mit Lötrohr- und Tüpfelreaktion. 3., verbesserte Auflage. 91 Seiten mit 11 Figuren. 1949 . . . . Bd. 483

Mineral- und Erzlagerstättenkunde von *H. Huttenlocher.*
I: 128 Seiten mit 34 Abbildungen. 1954 . . . . Bd. 1014
II: 156 Seiten mit 48 Abbildungen. 1954 . . . . . Bd. 1015/1015a

Mineralogie von *R. Brauns*† und *K. F. Chudoba.* 9. Auflage.
I: Allgemeine Mineralogie. 1955. In Vorbereitung . . . Bd. 29
II: Spezielle Mineralogie. 1955. In Vorbereitung . . . . Bd. 31

Petrographie. Von *W. Bruhns*† und *P. Ramdohr.* 4., durchgesehene Auflage. Mit 10 Abbildungen. 1955. In Vorbereitung . . . . Bd. 173

Geologie von *F. Lotze.* 1955. In Vorbereitung . . . . Bd. 13

Technik

Elektrotechnik

Die Gleichstrommaschine von *K. Humburg*. Durchgesehener Neudruck.
I: 102 Seiten mit 59 Abbildungen. 1949 . . . . Bd. 257
II: 98 Seiten mit 38 Abbildungen. 1949 . . . . Bd. 881

Die synchrone Maschine von *K. Humburg*. Neudruck. 109 Seiten mit 78 Bildern. 1951 . . . . Bd. 1146

Induktionsmaschinen von *F. Unger*. 2., erweiterte Auflage. 142 Seiten mit 49 Abbildungen. 1954 . . . . Bd. 1140

Transformatoren von *W. Schäfer*. 2. Auflage. 128 Seiten mit 74 Abbildungen. 1949 . . . . Bd. 952

Die komplexe Berechnung von Wechselstromschaltungen von *H. H. Meinke*. 160 Seiten mit 114 Abbildungen. 1949 . Bd. 1156

Theoretische Grundlagen zur Berechnung der Schaltgeräte von *F. Kesselring*. 3. Auflage. 144 Seiten mit 92 Abbildungen. 1950 . . . . Bd. 711

Elektromotorische Antriebe (Grundlagen für die Berechnung) von *A. Schwaiger*. 3., neubearbeitete Auflage. 96 Seiten mit 34 Abbildungen. 1952 . . . . Bd. 827

Technische Tabellen und Formeln von *W. Müller*. 4., verbesserte und erweiterte Auflage von *E. Schulze*. 152 Seiten mit 105 Figuren. 1951 . . . . Bd. 579

Überspannungen und Überspannungsschutz von *G. Frühauf*. Durchgesehener Neudruck. 122 Seiten mit 98 Abbildungen. 1950 . . . . Bd. 1132

Maschinenbau

Werkzeugmaschinen von *K. P. Matthes*.
I: 110 Seiten mit 27 Abbildungen, 11 Zahlentafeln im Text und 1 Tafelanhang. 1954 . . . . Bd. 561
II: 1955. In Vorbereitung . . . . Bd. 562

Die Maschinenelemente von *E. A. vom Ende*. 2., verbesserte Auflage. 159 Seiten mit 173 Figuren und 12 Tafeln. 1950 Bd. 3

Das Maschinenzeichnen mit Einführung in das Konstruieren von *W. Tochtermann*. 4. Auflage.
I: Das Maschinenzeichnen. 156 Seiten mit 77 Tafeln. 1950 Bd. 589
II: Ausgeführte Konstruktionsbeispiele. 130 Seiten mit 58 Tafeln. 1950 . . . . Bd. 590

Getriebelehre von *P. Grodzinski*. 2., neubearbeitete Auflage.
I: Geometrische Grundlagen. 159 Seiten mit 142 Figuren. 1953 . . . . Bd. 1061

Gießereitechnik von *H. Jungbluth*.
I: Eisengießerei. 126 Seiten mit 44 Abbildungen. 1951 . . Bd. 1159

Die Dampfkessel und Feuerungen einschließlich Hilfseinrichtungen in Theorie, Konstruktion und Berechnung von *W. Marcard*†. 2. Auflage. Neubearbeitet von *K. Beck*.
I: Die theoretischen Grundlagen. Wärme, Verbrennung, Wärmeübertragung. 150 Seiten mit 42 Abbildungen und 16 Tabellen. 1951 . . . . Bd. 9
II: Dampfkessel. 147 Seiten mit 43 Abbildungen. 1952 . . Bd. 521

Technische Thermodynamik von *W. Nusselt*.
I: Grundlagen. 3., verbesserte Auflage. 144 Seiten mit 71 Abbildungen. 1950 . . . . Bd. 1084
II: Theorie der Wärmekraftmaschinen. Neudruck. 144 Seiten mit 87 Abbildungen und 32 Zahlentafeln. 1951. . Bd. 1151

Autogenes Schweißen und Schneiden von *H. Niese*. 5. Auflage. Neubearbeitet von *A. Küchler*. 136 Seiten mit 71 Figuren. 1954 . . . . Bd. 499

Elektrische Schweißverfahren von *H. Niese*. Herausgegeben von *H. Dienst*. In Vorbereitung . . . . Bd. 1020

Metallkunde. Einführendes über Aufbau, Eigenschaften und Untersuchung von Metallen und Legierungen sowie über Grundlagen des Schmelzens, des Gießens, des Verformens, der Wärmebehandlung, der Oberflächenbehandlung, der Verbinde- und Trennarbeiten von *H. Borchers*. 2. Auflage.
I: Aufbau der Metalle und Legierungen. 110 Seiten mit 2 Tabellen und 90 Abbildungen. 1950 . . . . Bd. 432
II: Eigenschaften. Grundzüge der Form- und Zustandsgebung. 154 Seiten mit 8 Tabellen und 100 Abbildungen. 1952 . . . . Bd. 433

Dynamik von *W. Müller*. 2., verbesserte Auflage.
I: Dynamik des Einzelkörpers. 128 Seiten mit 48 Figuren. 1952 . . . . Bd. 902
II: Systeme von starren Körpern. 102 Seiten mit 41 Figuren. 1952 . . . . Bd. 903

Technische Schwingungslehre von *L. Zipperer*.
I: Allgemeine Schwingungsgleichungen, einfache Schwinger. 2., neubearbeitete Auflage. 120 Seiten mit 101 Abbildungen. 1953 . . . . Bd. 953
II: In Vorbereitung . . . . Bd. 961

Hebezeuge von *G. Tafel*.
I: 2., verbesserte Auflage. 276 Seiten mit 230 Figuren. 1954 . . . . Bd. 414/414a

Wasserbau

Wasserkraftanlagen von *A. Ludin*. 2 Bände. 1955. In Vorbereitung . . . . Bd. 665/666

Verkehrswasserbau von *H. Dehnert*.
I: Entwurfsgrundlagen, Flußregelungen. 103 Seiten mit 52 Textabbildungen. 1950 . . . . Bd. 585
II: Flußkanalisierungen und Schiffahrtskanäle. 94 Seiten mit 60 Textabbildungen. 1950 . . . . Bd. 597
III: Schleusen und Hebewerke. 98 Seiten mit 70 Textabbildungen. 1950 . . . . Bd. 1152

Talsperren von *F. Tölke*. 122 Seiten mit 70 Abbildungen. 1953 Bd. 1044

Wehr- und Stauanlagen von *H. Dehnert*. 134 Seiten mit 90 Abbildungen. 1952 . . . . Bd. 965

Hoch- und Tiefbau

Die wichtigsten Baustoffe des Hoch- und Tiefbaus von *O. Graf*. 4., verbesserte Auflage. 131 Seiten mit 63 Abbildungen. 1953 . . . . Bd. 984

Baustoffverarbeitung und Baustellenprüfung des Betons von *A. Kleinlogel*. 2., neubearbeitete und erweiterte Auflage. 126 Seiten mit 35 Abbildungen. 1951 . . . . . . Bd. 978

Festigkeitslehre von *W. Gehler†* und *W. Herberg*.

I: Elastizität, Plastizität und Festigkeit der Baustoffe und Bauteile. Durchgesehener und erweiterter Neudruck. 159 Seiten mit 18 Bildern. 1952 . . . . Bd. 1144

II: Formänderung, Platten, Stabilität und Bruchhypothesen. Bearb. von W. Herberg und N. Dimitrov. Mit 94 Bildern. In Vorbereitung . . . . Bd. 1145

Grundlagen des Stahlbetonbaus von *A. Troche*. 2., neubearbeitete und erweiterte Auflage. 208 Seiten mit 75 Abbildungen, 17 Bemessungstafeln und 20 Rechenbeispielen. 1953 . . . . Bd. 1078

Fenster, Türen, Tore aus Holz und Eisen. Eine Einleitung zu ihrer guten Gestaltung, wirtschaftlichen Bemessung und handwerksgerechten Konstruktion von *W. Wickop*. 4. Auflage. 1955. In Vorbereitung . . . . Bd. 1092

Heizung und Lüftung von *J. Körting†* und *W. Körting*. 8., neubearbeitete Auflage.

I: Das Wesen und die Berechnung der Heizungs- und Lüftungsanlagen. 140 Seiten mit 29 Abbildungen und 18 Zahlentafeln. 1951 . . . . Bd. 342

II: Die Ausführung der Heizungs- und Lüftungsanlagen. 152 Seiten mit 165 Abbildungen und 7 Zahlentafeln. 1954 . . . . Bd. 343

SAMMLUNG GÖSCHEN / BANDNUMMERNFOLGE

1 Langosch, Der Nibelunge Nôt
3 vom Ende, Maschinenelemente
9 Marcard-Beck, Dampfkessel I
13 Lotze, Geologie
20 Hofstaetter-Spree, Dt. Sprachlehre
29 Brauns-Chudoba, Allg. Mineralogie
30 Eckert-Greifendorff-Kleffner, Kartenkunde
31 Brauns-Chudoba, Spez. Mineralogie
37 Klemm, Anorganische Chemie
38/38a Schlenk, Organ. Chemie
42 Behn, Vorgeschichte Europas
51 Bürklen-Ringleb, Mathematische Formelsammlung
59 Krahe, Indogerm. Sprachwiss.
61 Biehle, Redetechnik
66 Berneker-Vasmer, Russische Grammatik
70 Nestle, Griech. Literaturgesch. I
71 Schulze, Allgem. und physikalische Chemie I
76 Döring, Einführ. i. d. theoret. Physik I
77 Döring, Einführ. i. d. theoret. Physik II
79 Hempel, Gotisches Elementarbuch
80 Weigert, Stilkunde I
87 Witting, Differentialrechnung
88 Witting, Integralrechnung
101 v. Wiese, Soziologie
111 Hoffmann-Debrunner, Geschichte der griech. Sprache I
114 Hoffmann-Debrunner, Geschichte der griech. Sprache II
117 Brandenstein, Griechische Sprachwissenschaft
125 Vossler, Italienische Literaturgeschichte
136 Mahler, Physikalische Formelsammlung
141 Geitler, Morphologie der Pflanzen
142 Haack, Darst. Geometrie I
143 Haack, Darst. Geometrie II
145 Weimer, Geschichte der Pädagogik
146 Witting, Repetitorium und Aufgabensammlung zur Differentialrechnung
147 Witting, Repetitorium und Aufgabensammlung zur Integralrechnung
170 Oehlmann, Musik des 19. Jahrhunderts
173 Bruhns-Ramdohr, Petrographie
180 Böhm, Versicherungsmathematik I
184 Blümcke, Textilindustrie I
200/200a Gottschald, Dt. Rechtschreibungswörterbuch
210 Bruhns-Ramdohr, Kristallographie
220/220a Moser, Allgemeine Musiklehre
221 Jander-Jahr, Maßanalyse I
222 Hassak-Beutel, Warenkunde I
223 Hassak-Beutel, Warenkunde II
226 Hofmann, Geschichte der Mathematik I
228 Vogel, Landw. Tierzucht
230 Krieger, Bad. Geschichte
243 Mahler, Physikal. Aufgabensammlung
247 Hoppe, Analytische Chemie I
248 Hoppe, Analytische Chemie II
252 Dassler, Elektrochemie I
253 Dassler, Elektrochemie II
256 Haussner, Aufgabensammlung zur analytischen Geometrie der Ebene
257 Humburg, Die Gleichstrommaschine I
264 Lockemann, Geschichte der Chemie I
265 Lockemann, Geschichte der Chemie II
270 Kirn, Einführung in die Geschichtswissenschaft
279 Jacob, Quellenkunde der deutschen Geschichte I
280 Jacob, Quellenkunde der deutschen Geschichte II
281 Leisegang, Einführung in die Philosophie
284 Jacob-Weden, Quellenkunde der deutschen Geschichte III

319 Krug, Australien und Ozeanien
329 Scharrer, Agrikulturchemie I
335 Braun-Klug, Fette und Öle
336 Braun-Klug, Seifenfabrikation
342 Körting, Heizung und Lüftung I
343 Körting, Heizung und Lüftung II
344 Moser, Musikästhetik
352 Devrient. Thüring. Geschichte
354 Valentiner, Vektoranalysis
355 Neger-Münch, Nadelhölzer
356 Lüdemann, Fische
375 Preller, Geschichte Englands I
394/394a Schilling, Von der Renaissance bis Kant
414/414a Tafel, Hebezeuge I
422 Gottschald, Dt. Personennamen
423 Adler, Fünfstell. Logarithmen
432 Borchers, Metallkunde I
433 Borchers, Metallkunde II
439 Jaeckel, Würmer
440 Jaeckel, Weichtiere
445 Asmus, Physikal.-chemische Rechenaufgaben
452 Bahrdt-Scheer, Stöchiometrische Aufgabensammlung
468 Werkmeister, Vermessungskunde I
469 Werkmeister, Vermessungskunde II
483 Henglein, Lötrohrprobierkunde
492 Stolz-Debrunner, Geschichte der lateinischen Sprache
499 Niese, Autogen. Schweißen
500 Simmel, Hauptprobleme der Philosophie
521 Marcard-Beck, Dampfkessel und Feuerungen II
536 Lehmann, Kant
538 Rumpf, Archäologie I
539 Rumpf, Archäologie II
557 Nestle, Griechische Literaturgeschichte II
561 Matthes, Werkzeugmaschinen I
562 Matthes, Werkzeugmasch. II
564 Behn, Kultur der Urzeit I
565 Behn, Kultur der Urzeit II
566 Behn, Kultur der Urzeit III
571 Lehmann, Philosophie des 19. Jahrhunderts I
576/576a Moser, Gesangskunst
579 Müller-Schulze, Techn. Tabellen
585 Dehnert, Verkehrswasserbau I
589 Tochtermann, Maschinenzeichnen I
590 Tochtermann, Maschinenzeichnen II
594 Lengerken, Insekten
597 Dehnert, Verkehrswasserbau II
619 Buchwald, Kristalloptik
665 Ludin, Wasserkraftanlagen I
666 Ludin, Wasserkraftanlagen II
668 Knopp, Funktionentheorie I
691 Fauser, Kulturtechn. Bodenverbesserungen I
692 Fauser, Kulturtechn. Bodenverbesserungen II
698 Schulze, Allgemeine und physikalische Chemie II
703 Knopp, Funktionentheorie II
709 Lehmann, Philosophie des 19. Jahrhunderts II
711 Kesselring, Berechnung der Schaltgeräte
718 Neger-Münch, Laubhölzer
763/763a Beer-Meyer, Hebräische Grammatik I
764/764a Beer-Meyer, Hebräische Grammatik II
768 Bieberbach, Einführung in die konforme Abbildung
780 Krahe, Germ. Sprachwiss. II
781 Weigert, Stilkunde II
768 Schulze, Molekülbau
807 Kropp, Erkenntnistheorie I
809 Moser, Harmonielehre I
810 Moser, Harmonielehre II
826 Koch, Philosophie des Mittelalters
827 Schwaiger, Elektromotorische Antriebe
837 Baumgartner, Gruppentheorie
845 Lehmann, Philosophie im ersten Drittel des 20. Jahrhunderts
847 Herter, Lurche
857 Capelle, Griech. Philosophie I
858 Capelle, Griech. Philosoph. II
859 Capelle, Griech. Philosoph. III
862 Werkmeister, Vermessungskunde III
863 Capelle, Griech. Philosoph. IV
877 Knopp, Aufgabensammlung zur Funktionentheorie I

878 Knopp, Aufgabensammlung zur Funktionentheorie II
881 Humburg, Gleichstrommaschine II
902 Müller, Dynamik I
903 Müller, Dynamik II
910 Jaeger, Afrika I
911 Jaeger, Afrika II
917/917a Böhm, Versicherungsmathematik II
920 Hoheisel, Gewöhnliche Differentialgleichungen
929 Schirmer, Dt. Wortkunde
930 Krull, Elementare und klassische Algebra I
931 Hasse, Höhere Algebra I
932 Hasse, Höhere Algebra II
952 Schäfer, Transformatoren
953 Zipperer, Techn. Schwingungslehre I
961 Zipperer, Techn. Schwingungslehre II
965 Dehnert, Wehr- u. Stauanlagen
970 Baldus-Löbell, Nichteuklid. Geometrie
972 Herter, Tierphysiologie I
973 Herter, Tierphysiologie II
978 Kleinlogel, Baustoffverarbeitung und Baustellenprüfung des Betons
984 Graf, Die wichtigsten Baustoffe des Hoch- und Tiefbaues
1000 Jaspers, Geistige Situation
1002 Jander-Jahr, Maßanalyse II
1003 Hoheisel, Partielle Differentialgleichungen
1008 Mellerowicz, Allgemeine Betriebswirtschaftslehre I
1009 Bechert-Gerthsen, Atomphysik I
1014 Huttenlocher, Mineral- und Erzlagerstättenkunde I
1015/1015a Huttenlocher, Mineral- und Erzlagerstättenkunde II
1021 Niese-Dienst, Elektr. Schweißverfahren
1031 Apel, Philosophisches Wörterbuch
1033 Bechert-Gerthsen, Atomphysik II
1034 Kranefeldt, Therapeutische Psychologie
1039 Dovifat, Zeitungslehre I
1040 Dovifat, Zeitungslehre II
1044 Tölke, Talsperren
1045 Schubert, Technik des Klavierspiels
1057 Roth, Thermochemie
1059 Hoheisel, Aufgabensammlung zu den gewöhnl. und partiellen Differentialgleichungen
1061 Grodzinski, Getriebelehre I
1065 Haller, Von den Karolingern zu den Staufern
1070 Sauter, Differentialgleichungen der Physik
1078 Troche, Stahlbetonbau
1082 Hasse-Klobe, Aufgabensammlung zur Höheren Algebra
1084 Nusselt, Technische Thermodynamik I
1086 Müller, Dt. Dichten u. Denken
1088 Preller, Geschichte Englands II
1092 Wickop, Fenster, Türen, Tore,
1094 Hernried, System. Modulation
1096 Viëtor, Dt. Dichten u. Denken
1105 Hartung, Dt. Geschichte im Zeitalter der Reformation
1109 Knopp, Elemente der Funktionentheorie
1111 Naumann-Betz, Althochdeutsches Elementarbuch
1113 Strubecker, Differentialgeometrie I
1114 Schubel, Englische Literaturgeschichte I
1115 Ranke, Altnord. Elementarbuch
1116 Meissner, Englische Literaturgeschichte II
1121 Naumann, Dt. Dichten und Denken
1122 Feist, Sprechen und Sprachpflege
1123/1123a Bechert-Gerthsen, Atomphysik III
1124 Meissner, Englische Literaturgeschichte III
1125 Lehnert, Altengl. Elementarbuch
1127 Hartmann, Geschlecht und Geschlechtsbestimmung im Tier- und Pflanzenreich

1128 Buchner, Symbiose der Tiere mit pflanzl. Mikroorganismen
1130 Dibelius, Jesus
1131 Scholz-Schoeneberg Einführung in die Zahlentheorie
1132 Frühauf, Überspannungen und Überspannungsschutz
1134 Kuckuck, Pflanzenzüchtung I
1135 Lehnert, Beowulf
1136 Meissner, Englische Literaturgeschichte IV
1137 Heil, Entwicklungsgeschichte des Tier- und Pflanzenreichs
1138 Hämmerling, Fortpflanzung im Tier- und Pflanzenreich
1140 Unger, Induktionsmaschinen
1141 Koller, Hormone
1142 Meissner-Lehnert, Shakespeare
1144 Gehler, Festigkeitslehre I
1145 Herberg, Festigkeitslehre II
1146 Humburg, Synchrone Maschine
1147 v. Waltershausen, Kunst des Dirigierens
1148 Pepping, Der polyphone Satz I
1151 Nusselt, Technische Thermodynamik II
1152 Dehnert, Verkehrswasserbau III
1153 Mellerowicz, Allgem. Betriebswirtschaftslehre II
1154 Mellerowicz, Allgem. Betriebswirtschaftslehre III
1155 Schwartz, Mikrobiologie I
1156 Meinke, Kompl. Berechnung der Wechselstromschaltungen
1157 Schwartz, Mikrobiologie II
1158 Mayrhofer, Sanskrit-Grammatik
1159 Jungbluth, Gießereitechnik I
1160 Dibelius-Kümmel, Paulus
1161 Kaestner, Spinnentiere
1162 Seidel, Entwicklungsphysiologie der Tiere I
1163 Seidel, Entwicklungsphysiologie der Tiere II
1165/1165a Bechert-Gerthsen, Atomphysik IV

AUTORENREGISTER

FSC
www.fsc.org
MIX
Papier | Fördert
gute Waldnutzung
FSC® C083411

Zeitfracht Medien GmbH
Ferdinand-Jühlke-Straße 7
99095 Erfurt, Deutschland
produktsicherheit@kolibri360.de